学生家庭生活中经常遇到的问题

郝克云 编著

XUESHENG JIATING
SHENGHUOZHONG
JINGCHANG YUDAO DE WENTI

中国出版集团
现代出版社

图书在版编目（CIP）数据

学生家庭生活中经常遇到的问题 / 郝克云编著. —
北京：现代出版社，2011.9（2025 年 1 月重印）
ISBN 978-7-5143-0253-0

Ⅰ. ①学… Ⅱ. ①郝… Ⅲ. ①家庭生活-青年读物②家庭生活-少年读物 Ⅳ. ①TS976-49

中国版本图书馆 CIP 数据核字（2011）第 146905 号

学生家庭生活中经常遇到的问题

编　　著	郝克云
责任编辑	张　璐
出版发行	现代出版社
地　　址	北京市安定门外安华里 504 号
邮政编码	100011
电　　话	010-64267325　010-64245264（兼传真）
网　　址	www.1980xd.com
电子信箱	xiandai@vip.sina.com
印　　刷	三河市人民印务有限公司
开　　本	710mm×1000mm　1/16
印　　张	13
版　　次	2012 年 1 月第 1 版　2025 年 1 月第 9 次印刷
书　　号	ISBN 978-7-5143-0253-0
定　　价	49.80 元

前　言

家庭是社会的细胞，是个人最重要的社会关系。家庭是通过爱的纽带联结起来的，是给予爱和获得爱的重要场所。充满着爱的家庭氛围能给人极大的安全感和归属感，它不但是儿童健康成长的必要环境条件，而且也是成人保持良好心态的基础。因此，同学们要重视家庭生活，认真对待家庭生活。

家庭生活中，家庭成员之间的关系是整个家庭的主干。家庭成员之间要相互支持关心，就需要经常进行沟通。良好的信息和情感沟通可以彼此了解对方有什么想法、遇到了什么事情、需要什么帮助，等等。爱是需要表达的，多种形式的情感表达有助于营造温馨的家庭气氛，激发愉悦的情绪感受，最终获得的将是整个家庭的和睦相处。家庭里的氛围是由每一个人的心态组成的，任何一个人的消极情绪都会影响到其他人的心情，一次争吵可以毁掉一天的好心情，不愉快的家庭关系会成为生活中抹不掉的阴影。作为家庭的重要一员，同学们在家庭生活中要懂得处事，构建和谐的家庭生活。

家庭生活中，健康问题尤为重要，是提高生活质量的首要条件。同学们在家庭生活中要积极倡导健康的生活方式，合理安排作息时间，加强锻炼，还要懂一些伤痛疾患的防治方法，为一家人的健康生活提供保障。

生活情趣是“人类精神生活的一种追求，对生命之乐的一种感知，一种审美感觉上的自足”。说白了，就是因为热爱生活，从而追求乐趣，创造乐趣，感受乐趣。一个人的兴趣和爱好，构成了他的生活情趣。生活中没有乐趣，难免活得单调。高雅的生活情趣，有益于个人的身心健康。因此，同学们在日常生活中要积极寻求高雅的兴趣爱好，给生活增添光彩，除了养花、喂鸟、戏鱼等陶冶情操的娱乐活动之外，还要提高自己在艺术鉴赏方面的品位。

家庭购物对于涉世不深的同学们来说似乎不是一件容易的事，但又的确是生活中不可缺少的一个重要项目。同学们不仅要了解家庭的需要，还应尽力买到物美价廉的好商品。

现代家庭中独生子女越来越多，生活条件亦越来越好，“小皇帝”、“小公主”处处皆是；“饭来张口”、“衣来伸手”，养尊处优，劳动观念非常淡薄，生活自理能力极差，劳动习惯欠缺等缺点随处可见。同学们应当一方面要看到父母的艰辛，积极承担家务劳动；另一方面要懂得劳动的意义，加强劳动观念，在劳动中锻炼自己，培养自理能力。

安全是幸福的家庭生活保障。为维护家庭生活的安全，同学们要防电、防火、防盗，还要考虑一切可能危及家庭生活的安全隐患。

本书的内容十分丰富，针对同学们在家庭关系、生活健康、生活情趣、家庭购物、家务劳动、家庭安全等方面可能遇到的棘手问题，不只是停留在找出所有问题的层面上，还为同学们提出具体的解决方法、操作步骤以及注意事项等，让同学们在遇到这些问题时知道该“怎么办”。书中的小技巧，有的简单易行，有的巧妙绝伦，完全可以让你享受到解决困难的快乐。另外，本书除了告诉你解决问题的方法，还在很多方面给同学们许多好的建议。一旦接受了这些建议，同学们也许会惊奇地发现：“生活原来还可以这样”。

目　录

家庭和睦篇

怎样和父母交流？

小时候，我们总是缠着父母，把父母的话完全奉为真理。随着我们长大，个头高了，眼界也宽了，逐渐与父母不能那么好地相处了，彼此也互不沟通、缺乏理解了。这常常导致家里的矛盾，父母和我们自己都很不愉快，于是我们嫌大人“不理解我们”。那么我们有没有去积极理解大人，或者说积极主动与大人很好地相处、交流呢？要改变我们与父母之间不理解、有隔阂的现状，我们应做些什么呢？

1. 尊敬父母，表达孝心。对自己父母的尊敬，应是一种发自内心的、持久的感情，不能因自己年龄的增长以及将来身份、地位的变化而改变。学生时代，我们应在人生观、道德观、责任感形成的同时，注意孝敬父母之心的强化和体现。如早晨起来向父母问好，放学回家向父母打招呼，记住父母的生日向他们致以祝贺，父母不顺心时多为他们宽解，等等。当你抱怨父母时，想想你对父母做了哪些吧，理解是相互的，爱也是相互的。

2. 认真听取和充分尊重父母的意见、要求。切不可嫌父母唠叨、过时、落伍等，而应想到这些：首先，表明父母对自己的爱、关心和负责任。其次，明白父母的说法不管是否对，他们毕竟是希望自己好才说的。因此，父母说得对的就应去做，错的也应和颜悦色地加以解释或不正面顶回，淡化处理，用事实来说明。父母都是非常关心自己的孩子的，生怕你们受到伤害，很多事情他们的处理方法也有些极端，所以就要你去理解父母。有句俗语不是说“不养儿不知父母恩”嘛，做儿女的也应该多站在父母的角度上考虑考虑。这样谈起来也许就比较顺利一些。自己的父母自己最了解，所以你该知道怎样针对父母的脾气来谈不同的问题。

3. 正确对待父母的缺点错误。“人无完人”，父母当然也一样。父母也许有些旧思维、老习惯，也许不善言辞，也许脾气较暴躁，也许有些固执，也许不像别的父母那样“有本事”、那样有钱有势，我们做子女的都应充分理解，而不应苛求，要知道父母爱你、为你成长所付出的一切是难以用言语表达的。你先深记这点，再主动争取理解，情况就大不一样了。

4. 遇事主动向父母请教，寻求他们的帮助，借鉴他们的人生经验指导自己。只要你这样做，首先，会大大拉近你们的距离；其次，你会发现你对父母不以为然的那些意见原来还有其独到之处，从而受益匪浅呢。

另外，一定要平心静气地和父母沟通，最好是能把父母看成自己的好友。发生了争执的话，要先想想自己在这件事情上有没有做得不太好的地方或者是不对的地方。如果是自己的问题，要自己反省改正错误；如果是父母有什么不对的地方，不要与其争吵，要坐下来与父母沟通一下，相信父母也会接受你的看法。只有这样才能更好地与父母沟通，加深彼此的理解。人与人之间，是“以心换心”的，只要双方互相坦白，互相交流思想，实际上是没有什么代沟的。与父母很好地相处和交流，说难也不难，就看你怎么做了。迈出第一步吧！

与家长没共同语言，怎么办？

共同语言就是在对待大多数事情上，你们看问题的角度和处理问题的方法没有很大的分歧或有较大的相似，他（她）在发表对一件事情的看法时你能猜出他（她）大概的想法并能认同。随着年龄的增长和社会的不断变化，还有不断地看到新的事物，获取新的知识，学生们往往觉得与父母之间的共同语言越来越少。很多人把这种现象归结为代沟，是不同时代的人之间缺乏了某些共同的东西。其实不管是不是有代沟，他们始终是疼爱我们的父母，要解决没有共同语言的问题，我们可以试试以下的方法：

首先，我们要爱父母，同父母沟通思想。如果一个人连自己的父母都不爱、都不敬，何以爱天下人、敬天下人？爱父母不是空洞的，而要在日常生活中去体现。善于理解父母、体贴父母，是加深与父母沟通，寻找与父母交流的共同语言的基本前提。与父母有了思想的沟通，有了共同语言，也是对父母的爱的一种回报。现在不少同学都是独生子女，从小接受了许多宠爱，但是否曾想到对生我们、养我们的父母回报同样的爱呢？比如，主动了解父母近阶段的情况；征求父母对某些问题的看法；倾听父母说他们那个时代的经历，了解父母的内心世界；经常主动向父母汇报自己的学习、生活情况，向父母公开自己的秘密，等等。正由于我们懂得了对父母的爱，我们就自然会想到以上举动，那么父母和我们之间就有说不完的共同语言了。

其次，还要注意选择适宜的时机与父母交谈。有时父母正忙于事务，或在思考问题，就不宜打扰；有时父母遇到问题，心烦意乱，也不宜去与父母交谈。要趁父母休息有空闲时，特别是心情比较愉快的时候，就父母感兴趣的问题，与父母交流思想，加强感情上的沟通。

父母为了这个家庭，每天都在不停地忙碌着，不理你或许是因为工作太忙。在不适宜的时刻去打扰父母，那样会让父母分心，甚至影响他们手上的工作。

再次，与父母缺少共同语言，可能有下列情况存在：一是父母文化素质高，对子女要求严格，自己与他们距离太大，几乎没有“平起平坐”的说话机会。二是父母读书少，素质较低，出现“谈不拢”现象。解决的办法有两点：一是加强学习，善于学习父母的长处，不断丰富、提高自己，缩小与父母的距离，如待人接物、言谈举止，等等；二是帮助家长提高文化素养，有意识地在家中创造一些文化氛围，如听一些优美的歌曲，推荐一些好的书刊，提供一些外界的信息，开阔父母的眼界，提高父母的鉴赏分析能力等。当然还有可能是因为父母的脾气不好，这个时候，就应该了解情况，积极主动地去宽慰父母，尽最大的努力让父母从烦恼中解脱出来，这样也就增强了与父母的感情，再聊起天来也就显得更有共同语言了。

最后，我们要防止因为与父母缺少交流，共同语言少，而造成一切事情自作主张，不商量，不请教，情感淡化，表情冷漠，甚至走向极端。这是对自己、对家庭、对社会都不利的，我们千万要注意，遇到类似的情况，要及时请老师和朋友帮忙。

怎样祝贺父母的生日？

每当唱起生日歌时，同学们一定会记得自己过生日的那种热闹场面，一定会想起父母为自己买的生日礼物，心头会涌起阵阵暖意……但是，同学们是否也记得父母的生日呢？如果父母过生日，又该怎样表示祝贺呢？

对于父母来说，如果孩子能记得他们的生日，那是很大的欣慰。如果生日那天，孩子向他们表示祝贺，他们就会更加高兴。表示祝贺的方式有很多，同学们会选择哪一种呢？

一、送上他们喜欢的礼物

同学们平时要和父母多交流，了解他们的爱好。如他们所喜爱的一本书、一件服装等。如果在他们生日那天，给他们送上一份平日喜爱的东西，一定会给他们一个意外的惊喜。

二、帮助料理家务

父母出于爱护，或让子女多花一些时间在学习上，平时很少让子女做家务。在父母生日那天，同学们可以主动料理家务，譬如整理居室、洗碗、洗衣服等，让父母轻轻松松地休息一下。这不仅会让我们的父母感到欣慰，也会让我们感到莫大的快乐。

三、送上一份良好的学习成绩单

其实父母心里最希望得到的，莫过于子女在学习上能取得优异成绩，为此他们不抱怨家务的烦琐，不抱怨工作的压力，而是一心一意地盼望着子女能在学习上有长远的进步。因此，同学们若是能够在父母生日时向他们报告自己在学习上的进步以及取得的好成绩，那将是他们过生日时最好的礼物了。

四、外出举行庆祝活动

外出活动可以放松心情，消除工作的疲惫和压力。如果父母喜欢旅游，生日时又恰逢节假日，同学们不妨主动提出陪同父母外出旅游，或是邀请亲朋好友到郊外进行野餐活动，表示对父母生日的祝贺。如果父母喜欢看电影、看戏这样的娱乐方式，子女也可以主动买票陪同父母一起去看电影或看戏，共度甜美幸福的快乐时光。

五、举行生日聚会

如果经济条件许可，可以搞生日聚会，邀请亲朋好友一起为父母祝贺，使场面热闹，气氛热烈。通过这样的方式聚齐平时见面少的亲戚朋友，让他们来一起分享父母生日的快乐，这不仅会让父母更加开心，也会极大地增进亲朋好友之间的感情。但要注意不能铺张浪费。

六、书信祝贺

在生日前一天写好一封祝贺信，表达自己对父母生日的祝愿，在生日那天恭敬地交给父母。有能力的最好凸显出自己独特的写作方式和文采，让父母从书信中重新认识自己，可以采用书法形式、绘画形式等。

七、利用报刊、电视、广播等媒体祝贺

同学们可以通过电视台、广播电台及地方报纸，在父母生日那天，为他们点一首他们所喜爱的歌曲或献上几句生日祝词。当一家人开心地看着电视或者听着广播，或者一起围坐着看报纸上的生日祝福时，那是多么温馨而甜蜜的时刻。

祝贺生日的方式多种多样，采取哪种方式最佳，需要靠自己平时与父母多交流沟通，了解他们的兴趣、爱好；同时要注意，采取的祝贺方式应使他们感到生活的实在、温馨和乐趣，避免产生岁月匆匆的伤感情绪。

奶奶和妈妈闹矛盾，怎么办？

奶奶和妈妈都很疼你，视你为掌上明珠，你也很爱他们。可是她俩之间却总不大融洽，还不时在你面前相互指责对方。碰到这种情况，该怎么办呢？

奶奶和妈妈是两代人，生在不同时代，经历不同，生活习惯不同，以往的生活环境也不同，又各有各的个性，加之沟通不够充分，有些矛盾并不奇怪。你完全可以利用她们俩都很爱你这个优势，做些沟通工作，化干戈为玉帛。具体做法如下：

1. 某一方在你面前指责对方时，你可适当做点解释工作，但要防止听者认为你在为对方辩护。这一条听起来似乎有点难办，其实并不难掌握。如：奶奶指责妈妈不够关心你，尽在单位里忙。你可拐弯抹角地说："妈妈年终得了奖金，自己舍不得买件新衣，我身上穿的这件新衣服爸爸不同意买，还是妈妈硬给买下的呢！"妈妈指责奶奶太溺爱你，把小孩都宠坏了。你说："妈妈，上次我和您顶嘴，奶奶都批评我了。"请注意，说这类话的时候，不要用反驳的口气，而是选适当的时机像聊天似地说出来。

2. 找出双方矛盾的症结所在，做点"专题研讨"。你完全可以从奶奶和妈妈指责对方的话语中，分析出双方矛盾的症结所在：是教育下一代的观念、方法不一致，还是生活习惯上差异太大？是经济上的问题，还是感情上有隔膜……在这些矛盾中，谁又占主导地位？这些问题搞清了，便可以着手作"专题研讨"了。这种研讨又包括语言和行动两个方面。例如：属于感情上的隔膜，奶奶觉得妈妈对她不尊重，妈妈认为奶奶拿自己当外人，你可以向奶奶大谈妈妈如何教育你要尊敬奶奶，甚至撒点善意的"谎"，把爸爸让你送给奶奶的东西说成是"妈妈叫我送来的。"（当然你得事先与爸爸订好"攻守同盟"）；对妈妈你也可如法炮制。平时，你还可以提议搞些有利于联络她们感情的活动，如：郊游、看电影等，你的生日也是联络她们感情的好机会，可别轻易放过。

3. 如果奶奶和妈妈当着你的面发生冲突，公开指责对方时，你可不能袖手旁观，任其发展。因为这时最适宜当消防队员的就是你了。最好的办法是：在冲突即将爆发前，有意打岔，转移注意力；如果战火已起，则应两面劝，最好能将其中一方劝离现场，稍加安慰，再去劝另一方。

待双方冷静下来，再利用你的特殊身份做工作。但要切记，只能疏导，不能帮腔。

4. 最后，你还要注意几条：

（1）不利于双方团结的话坚决不传；

（2）有利于双方团结的事多做；

（3）你的爸爸是你最好的“同盟军”，要争取他的配合；

（4）如果你的外婆是个通情达理的老人，也不妨动员她做做妈妈的工作；

（5）别忘了你的“优势”，适当地撒撒娇，必要时“威胁”她们俩一下（“如你们再吵，我就不理你们了”），也未尝不可。

父母发生争吵，怎么办？

父母之间的争吵本无可厚非，偶尔的小“吵”，或许有益，但如果僵持不下，局面一直紧张下去就会破坏家庭和睦，同时也会对家里的儿女产生不良影响。从另一个方面说，父母吵架，对作为儿女来讲其实是最头疼的，两边都是亲人，帮哪边都不是，所以这是一个很棘手的问题。

1. 利用自己在父母心中的地位，消弥父母之间的战火。孩子在父母心中有着很重的分量，当他们为生活中的琐事发生争吵时，孩子出来劝阻，往往会取得较好的效果。可以对父母表示，争吵影响家庭声誉，也不利于父母的身体健康，因此要求双方各让一步，恢复家庭生活的平静和温馨；也可以强调，争吵会使自己无法安心学习，影响将来的升学和择业，而且父母争吵对自己的心理健康发展也是有害的。这些话，对争吵中的父母有一定的镇定作用。

2. 请父母平时信赖的亲戚朋友或邻居出来劝说。这样，父母往往会顾及他人的情面，停止争吵，各自诉说吵闹原因，劝说者则加以疏导和调解，让他们心平气和地解决矛盾，重归于好。这是最省事、最省心的解决途径，但是也有一些父母不愿外人知道家庭内的争吵，所以我们就不能擅作主张叫来亲戚朋友或者邻居。

3. 平时多与父母交流，若发现父母之间有矛盾，自己就应努力不使矛盾激化。可以对报刊、电视报道的一些家庭问题的事例，发表自己的看法，并与父母讨论；也可以对家庭中的一些事务，提出自己的处理意见，尽可能为父母分担一些难处；平时多与父母聊聊天，活跃家庭气氛，等等。想方设法使父母冷静下来，或拉着他们其中一方到外面走一走，使他们暂时分开；或故意讲一点逗乐的事情或笑话，缓解紧张的气氛。

4. 如果父母的争吵是因为自己引起的，譬如因为自己犯了错误，那么，及时承认错误，就可以熄灭争吵的导火线。再譬如，因为父母对自己的教育方式各执己见，你的态度就是控制争吵的刹车柄了。如果父母是因为自己的学习、生活、花钱等问题产生矛盾，自己应该诚恳地与父母一起交换意见，加强沟通和理解。倘若自己的行为确实有不妥之处，则必须坚决地、及时地调整和改正。总之，对这一类的父母争吵，你有较大的控制主动权，也有更大的责任。

5. 父母发生了争吵，自己不能偏袒一方，更不能参与争吵。公正的立场最重要，千万不要在感情上对某一方有所偏袒，更不能在背后当着一方说另一方的“坏话”，也不要当着外人的面讲父母的不是，以免使矛盾复杂和激化。否则，就不可能大事化小、小事化了。

父母突然离婚了，怎么办？

离婚是近年来十分突出的现象。人们都渴望有和睦安宁的家庭生活，因为家庭环境影响着子女的成长。一旦父母离了婚，受害最大的往往是子女，子女当然不希望父母离婚。但是，万一父母离了婚，该怎么办呢？

1. 理解和尊重父母的选择。我们国家的法律规定，公民有婚姻自由，这就是说，公民既有结婚、在一起共同生活的自由，又有离婚的自由。实际上多数情况下，父母离婚有着较为复杂的原因，作为子女，应予以理解。可能是双方真的不能继续与另一方相处下去，感情破裂无法愈合，再强求对两个人都会是折磨和煎熬。这里面可能并不涉及谁对谁错的问题，即使有，我们也不能因为父母离了婚，而把他们（或其中某一方）看做是“仇人”，因为毕竟他们是生我们、养我们的父母。只要他们认真考虑过，并两厢情愿地表示要离婚，我们也没必要为此过多地难过和痛苦，而应当表示理解。

2. 始终如一地尊重父母、关心父母，保持和父母之间的亲密关系。父母离婚后，作为子女，你将和父母中的一方生活，和另一方就会分开，这时你应该做到：

（1）始终把对方当做自己的家长和亲人，利用电话、书信、见面等形式保持和他（她）的联系，经常了解、关心他（她）的情况，以免造成双方过分的生疏和隔阂。

（2）经常把自己的一些情况（包括学习和生活等方面）主动告知父母，遇有困难，可以向他（她）提出，寻求他（她）的帮助和支持，从而密切你和不在一起生活的父（母）的感情。

（3）你和父母中的一方一起生活时，也应该注意：

①经常和父（母）在一起。父母离婚后，他们的心情可能不好，这时，你多和父（母）聊聊天、说说话，可以起到相当大的安慰作用；

②不在他（她）面前故意说另一方的不是，导致父（母）的心情变坏，可以避开另一方，找一些开心的话题；

③当他（她）又遇到合适的对象，准备重新成家时，你应予以理解和支持，而不能横加阻拦。

3. 父母离婚后，经过一段时间的分居，如果双方有重新结合的愿望，你应设法给予支持和帮助。比如，把父母各自的想法通知对方；时机成熟时，请原来的亲朋好友出面牵线撮合等等。这样的事情也是很多的，并且这样的结果也是我们最期待的。

4. 父母离婚后，作为子女，不能因此对生活悲观失望。要懂得这可能对父母来说是一个很好的选择。而父母唯一担心的就是你的生活和想法。这时候一定不要再给刚刚离婚、心情还不稳定的父母增加额外的负担，而应该更加积极努力地搞好学习和生活。这将是一个新的开始，要求你学会自理，增强自立意识。同时，你应该想方设法让自己放松心情，尽量减小父母离婚给自己带来的消极影响。

总之，父母离婚会给你带来不利影响，但你要冷静对待，相信你一定会处理好和父母之间的关系，克服这一困难的。

有了继父（母），怎么办？

由于种种原因，一些同学生活在由生父（母）与继母（父）组成的家庭里，因父母中有一位不是自己的生身父（母），所以在感情上往往显得不融洽，有时甚至产生较大的隔阂。那么应怎样和继父（母）相处呢？

一、要像对待生身父（母）那样孝敬继父（母）

我们中华民族自古就有尊敬老人、孝敬父母的传统美德。春秋战国时代思想家孟子就提出“老吾老，以及人之老”的观点。意思是，奉养我的父母进而推广到奉养别人的父母。古人尚且有这样的情怀，我们就应该做得更好些。况且继父母不是“别人的父母”，仍然是养育你的父母，这是其一。其二，从法律上讲，继父母虽不是自己的生身父母，但与子女仍然存在密不可分的关系。《中华人民共和国婚姻法》第 21 条规定了继父或继母和受抚养教育的继子女间各自的权利和义务，就是对这种关系的保护。

二、要想方设法促进与继父（母）的感情交流

由于世俗偏见，人们往往认为继父（母）是后妈后爹，对子女很凶。实际上继父（母）也有很多苦衷，对孩子严了，人家说，到底不是亲生的，那么凶！要求松了，人家又会说，故意放纵孩子。其实就是生身父（母）又怎样呢？打骂孩子也是常有的事，因此，作为子女应理解继父母的苦衷，将心比心。通过日常的生活尽量增加与继父（母）的接触，向他们敞开心扉，使继父（母）进一步了解你的思想、志趣、性格；要多同继父（母）交谈，了解他们的想法，生活、工作上的艰辛和欢乐；了解他们对子女的要求和希望。在学习之余尽量帮他们做些家务劳动，要关心继父（母）的身体，特别是在继父（母）身体不适时更要注意嘘寒问暖。人是有感情的，相信通过日常生活的相互关心，继父（母）和孩子之间的关系会处得像生身父（母）与孩子之间的关系一样好。

三、要理解、尊重继父（母）与生母或生父之间的感情

即使继父（母）对孩子不喜欢，也没有必要感到悲伤、苦恼，要认识到父（母）有父（母）的生活，我们也有我们自己的生活。世界归根结底是我们年轻一代人的。因此千万不能向生身父（母）搬弄继父（母）的是非，不要因孩子而影响到继父（母）与生身父（母）之间的感情。当然，如继父（母）对孩子做出有违道德，甚至触犯法律的事那就另当别论了。此时，孩子就要拿起法律的武器，勇敢地保护自己，向丑恶行为作斗争。

其实对于继父（母）来说，他们这种角色是一种挑战，甚至有人把它说成是“不可能的使命”。他们的角色与亲生父母有着很大的区别。亲生父母在孩子一出生就当上了，但继父（母）则可能在孩子发展历程的任何时候走进孩子的生活。一般而言，儿女需要 3 ~ 5 年

的时间才能接受继父或继母。当然，在每个家庭中需要的适应时间是不同的，有的快一些，有的则久久不能被接受，继父母被看做是家庭的闯入者。

被父母错怪了，怎么办？

父母错怪孩子虽有失察之过，但他们的本意实在是爱子心切、恨铁不成钢、望子成龙，等等，总之希望自己的孩子出类拔萃。当然，某件事情不是你干的，硬说是你干的，这种不容分辩的误解对任何人都是难以容忍的，这在家庭生活中也时有发生的。但如果这种事发生在你身上，千万要沉住气，要能克制自己，避免因过分强烈的反应而加深彼此之间的误会，我们的具体建议是：

一、耐心听完指责

对父母的责怪、训斥要耐心听完，以便弄清他们是在什么事情、什么问题上对你产生了误解。这样一方面可以知道父母的想法，另一方面也为自己的辩白寻找突破口。待父母说清楚之后，就可以针对他们不明白或者误会的地方进行解释和辩白，而不至于因为盲目而使事情变得更加复杂。

二、适当进行解释

当父母错怪我们时，我们要理解父母的爱心，不要抱怨他们。要坦诚地向父母讲述事情的原委，让其了解事情的全过程和真相，消除父母因不了解情况而产生的片面认识。在讲述中，要勇于承担责任，不要掩盖自己的错误，这样，有利于父母作出客观的判断。如果确实因父母把问题搞错了，只要适当做些解释工作，只要事情本身比较简单，父母情绪又比较平稳，误会马上就会消除。

三、暂时保持沉默

许多事情不是三言两语就可以解释清楚的，一般事发时父母的情绪又比较激动，你越解释，他们可能越发火，与其如此，不如静下心来不说话，虽然这样做有默认过错的危险，但对缓和紧张气氛，减少对父母有伤感情的刺激，从而真正解决问题是有好处的。

这又分为两种情况：一种是假如父母脾气比较执拗，自己一时说服不了他们，则应冷静，避免硬碰硬而闹成僵局，可变换方式与父母沟通，或用书面形式，如日记本、留言条等，或通过亲朋好友、老师、同学、邻居，向父母作出细致的解释，以消除他们对自己的误解。另一种是假如父母对自己有些偏见，当其错怪时，一时无法让父母相信自己，那么，不妨耐心等待，寻找阐释事情原委的机会。若一时没有机会，也不应该耿耿于怀，而应要求自己对父母的错怪进行淡化处理。相信总有一天事情会真相大白，而误解会冰释。

四、设法悄然退出

沉默不语不容易，争辩解释又会激化矛盾，在进退两难时，不如设法暂时离开父母，独自到一边去。当你听不到那些刺激性的语言，心情就会慢慢平静，父母找不到数落的对象，怒气也会慢慢消失。

无论采取什么办法，最终目的都是要弄清事情原委，帮助父母消除误会，待大家都心平气和时再进行详细的解释，要避免使用刺激性语言，更不要责怪埋怨父母一时的不当。当一切真相大白时，父母一定会为错怪你而后悔，你可千万不要忘记给父母予以体贴的宽慰。切忌因为父母的误解对父母失去信任，更不要因为一时误解采取过激的行动。父母误解、让子女受委屈的事总是偶然才发生的，要多想想平时父母对自己无微不至的关怀，多想想他们往日的亲情。

家长偷看我的日记，怎么办？

有的学生喜欢记日记，这应该说是一种好习惯。记日记，把每天的所见所闻、所思所想、所言所行记录下来，既可以促使自己开动脑筋，养成勤于思考问题的好习惯，又可以促使自己“日三省吾身”，提高自己的思想品德修养；还可以锻炼、提高自己的写作能力，是一举多得的事。日记是你的知心朋友，在日记里，你可以毫无保留地宣泄自己的情绪，表达自己的思想和见解，使自己达到心理平衡。正因为如此，日记中所记述的内容有不少就成了你的“隐私”，不想或不愿让别人知道，更不愿让父母知道。

但是，如果父母偷看了你的日记，该怎么办呢？

1. 尽快冷静下来，努力去理解你的父母。父母为什么要偷看你的日记？绝大多数父母都是因为望子成龙、望女成凤，怕子女年少无知、交往不慎，或有其他不良的思想行为影响你的成长，是急于了解你，才偷看你的日记的。父母的动机是好的，没有坏心，也绝不会把你的秘密公之于众。《未成年人保护法》第 2 章第 10 条规定：父母或其他监护人应当以健康的思想、品行和适当的教育方法教育未成年人，引导未成年人进行有益身心健康的活动，预防和制止未成年人吸烟、酗酒、流浪以及聚赌、吸毒、卖淫。你的父母是你的监护人，对你的健康成长有不可推卸的责任。他们是因为爱你，怕你受到伤害，想要更多地了解你，才偷看你的日记。作为子女，应充分理解父母的爱心，原谅他们的错误。

2. 应平心静气地和父母交谈，交换看法。告诉他们：偷看别人的日记（包括子女的日记）是侵犯他人的“隐私权”，是不道德的，是犯法的。《未成年人保护法》第 4 章第 30 条、第 31 条规定：任何组织和个人不得披露未成年人的个人隐私，不得隐匿、毁弃他们的信件。你还应该让父母明白：人是一个复杂的整体，让别人知道自己的一切不一定是好事。即使父母和子女之间，也应该各有一方属于自己的天地。不窥探别人的“隐私”，既是对别人的尊重，也是对别人的信任。父母尊重子女的隐私权，不仅有利于培养孩子的独立精神，而且有利于加深父母与子女之间的信任感，加强子女在家中的安全感，使之更加热爱这个家，更加尊敬父母。父母要了解子女最好通过日常生活中的观察、交谈，或通过子女的师友和其他长辈、同学，从侧面了解。

3. 应由此得到启示：尊重别人的隐私权就应不主动去打听别人的隐私。即使别人信任你向你谈了他们的隐私，你也不能去宣扬，如果宣扬出去，不仅侵犯了别人的隐私权，而且也从此失去了朋友，更会让人耻笑。

4. 鉴于被父母偷看了日记的教训，你今后应该注意把日记放在别人不易发现的地方，或把记日记的地方加上锁，等等。甚至可以直接对父母说：不要看我的日记。

父母总是数落我，怎么办？

一些家长对子女有“恨铁不成钢”之心，这是好心。他们心里想的是：我责怪你是“为你好”。在他人的面前动不动数落自己的子女，不分场合，不顾及子女的自尊心，这虽与父母的素质不高有关系，但他们的出发点是爱之切、教之严。我们做子女的要理解父母的这种心情。

对父母数落的语言，要认真分析，是自己的缺点，就得承认，并认真改正，切不可认为伤了面子而对父母不满，甚至顶撞。当然父母的指责有时也会过火，甚至是错的，这可以在事后向他们作解释。

父母常在他人的面前数落你、指责你，不论其数落、指责的内容对或错，这种行为本身，就对你自尊和尊严是有所伤害的，是不利于父母与子女融洽关系的。但是，如果你当面顶撞，就更为严重地伤害了父母的自尊和尊严，也是没有礼貌、没有教养的表现，影响了你在别人心目中的形象。如果你隐忍一时，却心怀芥蒂，则意味着你与父母的关系产生了一道不浅的裂痕，这也很糟糕。

你只有一种选择，那就是尽最大努力改变现状。

要分析父母指责的原因，有的是父母对自己的某些行为不同意、不赞成；也可以是对某些问题两代人有不同看法，没有及时沟通，各自固执己见；也可能自己长期表现不佳，使父母形成了偏见；也可能只因为父母的性格因素，等等。总之，要分析，然后对症下药，及时与父母交换看法，沟通思想，这样才可以避免不愉快的事情发生。

同时，子女要最大程度地发掘自己的潜力。在学习上要努力奋进，争取取得好成绩，得到老师和同学们的好评；在生活上要增强自己的自理能力，要积极帮助家里进行家务劳动，成为父母的好帮手；在精神上要乐观开朗，积极主动地与他们友好交往，加强自己的“人缘”建设……总之，要尽一切努力让身边的人都觉得你是一个积极上进的人，自己变得优秀了，那父母还怎么在别人面前说你不好呢？

要注意的是，千万不要在父母不顺心时诉说自己的不满，甚至埋怨他们，应当选准时机，准备充分，委婉地向父母陈述自己的看法，让父母感觉你已长大成熟，对你多一份信任、多一份尊重，从而创造出一种新型的家庭关系。

与家长意见不合，怎么办？

当我们与父母对某一事物的观点不一致，而父母又不肯改变自己的意见时，在多数情况下，我们的第一个反应就是生气；或者与父母唇枪舌剑，据理力争；或者拂袖而去，不理不睬。我们很少能平心静气地想一想父母为什么有不同意见，甚至不知道父母的本意是什么。

一般来说，一个人年纪越大，人生经验越多，对问题的考虑就越周到。当然，与此同时，也容易形成僵化保守的看法，甚至产生偏见。而年轻人的经历相对较少，思想上还没有形成那么多的条条框框，容易接受新事物、新观点，考虑问题也比较灵活。但是，年轻人又由于生活阅历不够，考虑问题时，容易失之片面、肤浅。如果你与父母都能认识到两代人各自的优势与劣势，并努力理解对方意见中的合理成分，你和父母不但能够“化干戈为玉帛”，而且还会从对方那里得到一些有益的借鉴。

一个人看问题的角度往往与他过去的经历和现在的状况有关。因此，了解父母的个人经历，你才会理解父母。你可以心平气和地想一想父母的看法究竟是什么，他们为什么会有这样的看法。如果你认为自己的观点很有道理，那么，也同样看一看父母的意见是否也有一定的道理。如果回答是肯定的，那么，你最好首先肯定父母观点中有道理的地方，然后再申诉自己的意见。即使你认为父母的观点完全不对，也不应用挖苦和顶撞的语气对父母粗暴，甚至怒吼，以免伤害父母。缺乏尊重的态度不仅会使父母拒绝改变固执之见，而且还会在你与父母的心中埋下彼此疏远甚至对立的隐患。当父母与你观点不一致时，最好的办法是控制自己冲动的情绪，等冷静下来，再谈问题。如果你实在不能控制自己，最好找个借口离开现场，先把这个话题放到一边，等大家都心平气和时再谈。

如果你与父母中的一方关系较为融洽，可以先和他（她）讨论这个问题，说服了他（她）之后，再请他（她）去说服另一方，其效果比你硬顶好得多。人们常说：“凡事要设身处地为对方想一想”，这在心理学上叫“心理换位”。就是站在对方的角度和立场上，替对方考虑一下：如果我是长辈，我能同意子女的这种做法和说法吗？有了这种谅解精神，许多矛盾就容易解决了。

另外，你还可以适时邀请一两个好朋友到家里来讨论这个问题，让你的好友发表他们的意见，届时也请你的父母参加讨论。如果父母知道你与同龄的孩子都有类似的想法和意见，就容易理解并接受你的意见。因为父母与你的朋友没有习以为常的那种家长作风，可能比较客观地听取“外人”的意见。

最后，当发生意见分歧时，两代人都应抱着互相尊重的态度，仔细倾听对方的意见。尤其是当子女的，更要尊重长辈，不要随便顶撞。如果是一般的小事，不妨迁就一下。如果是比较要紧的原则性问题，也应在事后再与他们商量。你还要牢记，和你一样，父母有坚持自己意见的权利，也有权表达不愉快的情绪。作为子女，你应该尊重他们这种权利，这样他们才会尊重你的权利。在与父母商讨的过程中要切记：相互让步是必需的，而且，子女应多作让步。

想向父母承认错误，怎么办？

人人都难免犯错误。问题是，犯了错误以后敢不敢承认错误？能不能知错必改？人非圣贤，孰能无过？只要你知错就改，就是父母的好孩子。父母是我们的养育者、教育者和监护人，因此，当犯了错误以后我们面临的第一个问题就是，怎样向父母“交代”？

1. 应该诚恳地向父母检讨自己，并同父母一起分析犯错的原因，并表示改正错误的勇气和决心，这样最容易得到父母的谅解和帮助。这是一种直截了当的方式。应选择父母情绪比较好、时间比较充裕的时候说，还应及时说。

2. 如果自尊心比较强，明知犯了错误，但自己很想向父母当面承认，不妨采用书面形式。

（1）日记本。人人都有一点小秘密，这些秘密不易向他人坦露，却能把日记本当做知心朋友，在此中一吐为快，宣泄一番。犯了错误以后，对自己的检讨和反省，对别人的歉疚，以及今后弥补错误后果的措施，都可以在日记中细细写来，如果这些内容让父母看到了，当然是一种很好的“交代”。通过日记本与父母沟通，透露日记内容的方式可在有意无意之间，得知父母看过了日记，不必明说或追问，达到双方的心领神会就是很好的效果。

（2）留言条。通过留言条承认错误，应该写得简短而诚恳，让父母一看就明白。如果父母看过后，希望当面交谈，进一步了解情况，则不应拒绝。

3. 有些家庭的家教、家规很严，而父母的脾气又比较急躁，一些同学犯了错误，害怕向父母汇报后，父母一时怒气难忍，就会遭打骂。这时，不妨请亲朋好友、老师、同学或邻居出面，陪自己向父母诉说所犯的错误。父母当着外人的面，都是比较克制和冷静的。

除了犯错误难开口之外，就是成绩不好难以启齿了。所谓“成绩不好”，一般是指平时考试成绩。假如平时某一次考得不好，怎样告诉父母呢？总的原则是：方法要巧，不能欺骗。

一、营造气氛

回到家后，先不急着报告成绩，用讲故事、说笑话或者报告自己其他方面的成绩、受到的表彰的方法，营造一种欢快轻松的气氛，然后再婉转地说出事实。这样，父母不但不会责怪，还觉得你很机灵，对你充满信心。

二、请教父母

这是最积极的方法。把自己做错了的题，写给父母看，请他们帮助解决。即使已经改正了，也可以这样做。如果父母不会，可把同学请来讨论，在讨论中说出自己没考好的地方。这样，用主动学习的态度和行动婉转地透露出事实，父母也会原谅你。

三、请老师帮助

如果父母是简单粗暴的恨铁不成钢的态度，开口骂、抬手打，那就把实情告诉老师，请老师家访，进行解说。老师是不会直接简单地告诉事实的，父母也总是会相信老师的话。这样，就可以避开父母的“雷霆大怒”。

需要说明的是，以上哪一种方法都不能常用，最好的方法是将优异的成绩告诉家长。

家长说话不得体，怎么办？

谁不想自己的父母说话水平高一些，能够在同学面前展现他们的修养。但有些同学家长由于没有读过多少书，文化水平不高，对学校的情况也不太了解，或者对一些社会现象认识不够正确，在同学面前说话不够得体，使自己在同学面前感到有些难堪。这时候，你该怎么办呢？

1. 寻找机会打岔，转移话题和大伙的注意力。这是最常用、也最有效的方法，但要注意时机的把握，不能直接打断家长的表达。因为此时家长说话正在兴头上，直接制止不但扫他的兴，使他觉得丢了面子，容易与你发生冲突，也使你的同学处于两难的境地：是劝你家长呢，还是制止你呢？同时，这样做，加深了同学们对你家长的不良印象，只会使你更加难堪。如果你能在发现家长说得不够得体时，就巧妙地转移话题，这种尴尬的局面就可避免了。家长可能会因此注意到自己的不周之处，而同学们也不会去计较那么多，你也就得救了。

2. 可在平时多向家长作些介绍和解释，让他对学校、同学等各方面情况有个正确的了解，这样可以避免家长在同学面前对这类问题妄

加评论；还可以利用所学知识，帮助家长提高对一些问题的认识；也不妨举些别人家类似的例子，让他明白自己说话不得体，使自己的孩子陷入了多么难堪的境地；也可以委婉地提醒家长要注意自己在别人面前的形象。总之，一定要努力避免与家长发生冲突，伤家长的心。

3. 经常陪家长或者给家长看一些关于语言合理表达方面的电影，或给他们讲述并探讨一些实例，让他们明白说话得体的重要性和说话不得体的影响。还可以经常与家长聊天，用自己的语言慢慢影响他们，达到潜移默化的效果。家长会或多或少地受到影响，到时候就会注意自己的说话方式和内容了。同时，可以事先跟要与家长见面的同学们提前做个介绍，说自己家长说话的方式和不足之处，这样一来，同学们心理上有了准备，再见到你的家长就不会觉得有什么问题了。

4. 当你不在场的情况下，如果家长已在同学面前说了些不得体的话，也不必过于恼火。既然事实已经如此，我们只有找补救的办法，可以向同学作些解释工作。例如：家长过去没读过多少书，文化不高；这几天家长身体不适、情绪不大好等等。只要你自己各方面都不错，同学们是不会为此就看不起你的。

最后，再说一点：如果你的家长历来就是一位说话不够得体的人，在他的性格中这些已经根深蒂固了，你的各种努力都改变不了他。那么我奉劝你，尽量减少他与同学接触的机会，以免引起不必要的麻烦。

与异性同学交往，父母反对怎么办？

近几年来，在热线电话或其他咨询活动中，学生的情感问题已取代过去的学习问题而居显要位置，他们常常感到困惑的是，父母总是反对自己与异性朋友交往。不少家长对孩子的异性交往十分敏感，生怕孩子早恋，耽误学习；更怕孩子与异性发生越轨行为，产生不良后果。因此，家长对孩子的异性交往大多数十分关注，并保持高度的警觉。

然而，学生又不能缺少异性交往。这是他们心理和生理走向成熟的标志，符合他们身心发展特点，也是适应社会、认识自身和世界的一种必不可少的方式，对于完善自身、促进男女之间互相取长补短是大有裨益的。

与异性同学交往要注意应采取集体的异性交往，而避免“一对一”的单独约会。个别异性同学偶尔到家里来，你应当大方而不拘谨地向父母介绍对方，不要吞吞吐吐、躲躲闪闪。否则，父母会生疑心。即使某位异性同学对你“心向往之”，有意识接近你，你也不必向父母撒谎，把你自己的态度向父母表明，并坦然地与那位同学正常来往。集体的异性交往可以开阔每一个人的眼界，不使自己对某一位异性“想入非非”，它是培植异性友谊之花的沃土，也是父母最乐于接受的子女交往方式。

父母是否支持你与异性交往，这和你平素与父母的沟通情况也有关。不少的中学生自认为长大了，思想成熟了，因而与父母的关系也开始疏远陌生了。他们每天来去匆匆，在家的时候，常常把自己关在小屋子里；虽与父母同处一个屋檐下，却犹如生活在两个世界里。孩子一举一动必然会引起父母过分的关注和担心。沟通良好的家庭，父母一般都会对孩子的交往采取宽容和放心的态度。

如果我们在与邻居交往的过程中，与邻居家异性同学关系很好，大人反对，该怎么办？

1. 首先应该明确自己与异性同学之间的关系是友谊还是恋爱。中学生在青春期有对友谊的渴望，也有对异性的渴望。如果与邻居家异性同学迷恋不舍，到了茶饭不思的地步，那就是爱恋了。如果仅仅是有好感，没有如痴如狂，那还是友谊。无论怎样，你应该与自己信赖的人商量，让他们替你出出主意，找到解决问题的妥善方法。当然，最后的判断还在于你自己。

2. 如果你与异性同学之间的关系只是纯真的友谊，那你就不能放弃这种可贵的友谊，而应该坚定信心，让你的父母明白自己与邻居家异性同学之间仅仅是友情关系，说服他们改变观念。既要让父母知道自己的心思，又要认真地听取父母的教诲。因为他们毕竟具有中学生所没有的见识和经验。友谊就像鲜花一样，无须刻意修饰，只有与自己信赖的父母相互沟通思想，听取父母的意见，你与异性同学之间的友谊之花才会长开不谢。

3. 如果你与邻居家的异性同学发展到恋爱阶段，那么你就要清醒一点，设法停止这种关系。中学生尚未成年，是不能谈恋爱的，陷入情网，既不利于学习，也不利于身心健康。如果面临这样的情况，就更应与父母沟通思想，取得他们的帮助，把自己从迷惘中解脱出来。你要在父母的指导下与对方妥善地处理好关系，最好是终止恋爱但仍保持友谊。千万不能走极端。

家长让上交“压岁钱”，怎么办？

过新年是忙碌了一年的人们休憩、欢聚、祝福的开心时刻。而对中学生来说，还有一层成人无权享受的欢愉——拿“压岁钱”。随着社会经济的发展，如今我们收到的压岁钱已不再是几角、几元了，而是几十、几百，甚至上千了。欢愉洋溢在我们的脸上，可当我们数着一张张充满喜气的压岁钱时，也同时“数”来了把压岁钱上交父母的烦恼，甚至于因此伴随着种种对父母的反感。

其实，我们不要把向父母上交压岁钱看成是父母在滥用他们的权力。有多少孩子因用压岁钱买了自己喜欢的“玩艺儿”而沉醉其中，耽搁了学习；又有多少孩子因从小花钱没有节制，养成好吃懒做的习惯，最后走上歧路的……这些事实不仅震动着父母，而且给了他们深深的教训。

所以，压岁钱的上交所反映的不是权力，而是父母的责任，理解他们的责任感是我们首先应达到的思想境界。在这种理解上，我们可以和父母静心讨论这份压岁钱的用途，如果是我们自己想用这笔钱，只要使用合理，相信父母会通情达理的。我们没有赚钱的能力，也不理解赚钱的辛苦和不易，能否把每一分钱花在刀刃上，使钱尽其用，父母是我们最好的启蒙者。况且如能合理地计划、运用这笔钱，不仅会得到家人的赞同，而且还会是一次理财能力的锻炼。

如果因家中有事，父母须动用你的这笔钱，我们做子女的应该体恤父母操持家财的不易，为父母排忧解愁，要知道尽孝是我们中华民族的传统美德。切莫蛮横地认为这钱是给我的，就是我的，别人无权过问。因为尽管这是亲戚朋友给你的钱，但在我们这个礼尚往来的国度里，以礼相还，也是一种传统，你父母迟早是要还这笔“礼”的。

如果父母只是从责任的角度要求你，要你上交这笔钱，而你也没有什么大的安排，可以把这笔钱存入银行，既可支援国家建设，又可增加个人存款，以备急用。

总之，只要理解了父母，相信我们的烦恼、反感都会消失，我们也会逐步走向成熟。

生活健康篇

要保持健康睡眠，怎么办？

人的最佳睡眠时间是有一定规律性的，经过研究发现，能取得较好的睡眠质量的入睡时间是晚上 9 点到 11 点，中午 12 点到 1 点半，凌晨 2 点到 3 点半，这时人体精力下降，反应迟缓，思维减慢，情绪低下，利于人体转入慢波睡眠，以进入甜美的梦乡。

为了获得较好的睡眠效果，提高学习效率，我们应该养成良好的睡眠习惯。下面是保持健康睡眠的十个建议。

一、守时

保证完美睡眠的最佳方式是严格守时。为保持你生物钟的同步性，不论睡眠时间多长或多短，请你每日于同一时间起床。尽量遵守睡眠时间。若你周五和周六晚至次日凌晨才睡觉，你也许会患上“周日失眠症”。星期一早早上床，两眼放光，极力入睡却无能为力。你越是努力，越感疲乏。当旅行或学习打破日常生活的规律，你应尽量保持定时进餐和睡眠的习惯，并尽早恢复日常作息时间。

二、定时运动

运动可通过缓解白天所累积的紧张并使得身心放松而增进睡眠。常参加体育锻炼者比不常锻炼者睡得更好更深，但你不必刻意追求过度疲劳。每周至少三天，每次 20 ~ 30 分钟的散步、工作、游泳或骑车，这样有益于心血管健康。但是别等到太晚才运动。晚上你应静下来而非锻炼出汗。别指望清晨的锻炼对白天累积的紧张神经有任何影响。理想的运动时间是下午晚些时候或傍晚早些时候，此时体育锻炼可帮助你从白天的压力调整到晚上的愉快。

三、减少兴奋剂的摄入

北美洲人除每天喝掉四亿杯咖啡，还从茶、可乐、巧克力中获取过量咖啡因。其中部分人对小剂量的咖啡因都会十分敏感，而另一些人已无多大感觉。若你爱喝咖啡，请在上床前 8 小时以前喝一天中最后一杯咖啡。其兴奋作用将在 2 ~ 4 小时后达到顶峰，并还将持续几小时。晚上摄入咖啡因使你更难入眠，不能深睡并增加醒来的次数。然而咖啡因并非唯一影响睡眠的食物。在巧克力及奶酪中发现一种洛氨酸，可引发夜晚心悸。减肥药片含有使你清醒的兴奋剂，其他药物或药物反应也会影响睡眠。所以若你拿到药方或拿药时，请问清医生它们是否会影响睡眠。

四、良好的卧具

正如你滑雪时需要好的雪屐，你睡眠时同样需要好的卧具。好的卧具可助你入睡、睡好，并防止睡眠时损伤颈、背。请从选择好的床垫开始。羽绒制品使你更舒适并比传统卧具轻巧。

五、追求质量，而非数量

6 小时的优质睡眠比 8 小时的低质睡眠使人体得到更好的休息。把睡眠时间严格控制在所需范围内，加深睡眠；而断断续续打几小时的盹导致断断续续的浅睡。请别认为你必须躺 8 小时，若 5 小时可使你充足电，那么暗自庆幸吧。你不是失眠患者，而是天生的短时睡眠者。

六、睡眠时间，丢开一切计划

若你躺在床上思考当日所做的事情或次日应做的事情，那你应该在上床前处理完这些分心的事情。列出清单，以便于你不致感觉必须时时提醒自己该做的事。写出你的焦虑或担忧及可能的解决之道。若白天的烦恼伴你上床，那么告诉自己你将在次日的“担忧时间”内处理这些分心事。

七、别在太饱或太饿时上床

晚上的一顿大餐迫使你的消化系统超时工作。你虽感困盹，却极可能彻夜辗转难眠。避免吃花生、大豆、水果或蔬菜，它们会产生气体。别吃快餐，它们需要长时间来消化。若你在节食，别在饥饿时上床。咕咕叫着的胃像其他身体不适一样会整夜妨碍你安静下来，使你难以入睡。睡前请吃低卡路里食物，如香蕉或苹果等。

八、建立“睡眠仪式”

在你入睡前，抛开清醒时的一切烦恼。即便是儿童也发现重复一些活动，如每晚的祈祷或读故事书容易使人入睡。“睡眠仪式”可依据个人喜好或繁或简，可始于轻轻的舒展身体来松弛肌肉或冲个热水澡。或许你喜欢听听音乐或者翻翻不具恐怖色彩的书。但是不管你选择哪种方式，请记住每晚做同一件事，直至其成为你身体夜间休息的暗示。

另外，睡眠姿势很重要，科学的睡姿应当是全身自然放松，向右侧卧，微屈双腿。这种卧姿有下面两点好处：

第一，向右侧卧，能使腹部右上的肝脏获得较多的供血，从而有利于促进人体的新陈代谢；还有胃通向十二指肠及小肠通向大肠的开口都向右开，向右侧卧时，能使胃肠内的食物更顺利地流动，从而有利于胃肠对食物的吸收。

第二，微屈双腿、向右侧卧睡不仅能使胸腔偏左的心脏减轻负担，又能使较多的血液流向身体的右侧，从而不至于压迫心脏。

想要自己的皮肤健康，怎么办？

皮肤是人体的第一道防御屏障，皮肤的作用在于保护躯体，抵御外来有害物质的入侵和伤害；通过散热和保温调节体温；感受外来的冷热痛痒，协助大脑活动；分泌皮脂，排泄废物等等。

青春期的少男少女正处于生长发育的迅猛阶段，皮肤也开始发生变化，特别是少女，由于卵巢分泌的雌激素增加，使得皮肤格外柔嫩、光滑、富有弹性。但是由于青春期皮肤的皮脂腺分泌旺盛，而容易出现一些皮肤炎症，如痤疮、湿疹等，影响皮肤健美。因此青少年也应该注意保护皮肤。

人的皮肤大致有三种类型：

1. 干性皮肤。面部皮脂较少，肤色白洁细嫩，但经不起营养和环境的变化、情绪的刺激，易干燥起皱而显衰老，此类型皮肤要特别注意保养。

2. 油性皮肤。油脂分泌多，面部常常油光发亮，毛孔粗大明显，皮肤粗糙，但是能经得起风吹日晒的刺激，不容易起皱衰老，却容易吸尘而导致痤疮和其他皮肤炎症。

3. 中性皮肤。介于干燥和油性皮肤之间，对外界的刺激有一定的抵抗力。同学们可用下面方法鉴定自己的皮肤属性：睡前用香皂将脸洗干净，不擦护肤品。次日起床后用餐巾纸在前额和鼻梁两侧轻擦，如餐巾纸没有油迹表明你是干性皮肤，有一点油迹是中性皮肤，油迹很多则是油性皮肤。

了解了自己的皮肤属性，可以从以下几个方面进行皮肤保护。

一、清洗皮肤

皮肤覆盖在身体的表面，将大量外来入侵的细菌灰尘拒之门外，加上皮肤自身也在不停新陈代谢，每天都会有200万个表皮细胞脱落出来。所以清洗皮肤是保护皮肤最基本的方法。有条件的同学要每天洗澡，洗澡时间为5～10分钟，能冲掉皮肤表面的汗液、灰尘即可。面部是一个人暴露皮肤最多的部位，需要重点清洗。每日洗脸3次，早晨和中午用冷水冲洗，睡觉前用温水和洗面奶或香皂将灰尘和油脂彻底洗干净。长有痤疮者应均用温水洗脸，因温水有溶解皮脂的作用。

二、注意饮食营养

一个人的皮肤宛如一面镜子，折射身体健康状况和营养状况，特别是面部皮肤对营养素的敏感度极高，一旦缺乏某种营养，便会暴露出症状。如缺乏蛋白质和脂肪，皮肤就变得粗糙灰暗。缺乏维生素A，面部会出现浮肿，口角溃烂等。由此可见，饮食与皮肤健康息息相关。青少年不要养成偏食的习惯，要根据自己的皮肤类型确定自己的饮食结构，如油性皮肤可以多吃蔬菜水果等大量含有维生素的食品；干性皮肤可适当摄入高脂肪食物，使皮肤保持光泽。另外，常饮水也是保养皮肤的方法，每天要喝4～6杯白开水，以保证皮肤湿润光艳。

三、适当使用护肤品

青少年皮肤中的皮脂腺分泌旺盛，应少用护肤品，如果需要使用，一定要挑选符合自己皮肤类型的护肤品。如干性皮肤可以选用富含油脂的洗面奶，洗脸后擦上一层含油脂较多的营养乳液，轻轻按摩，可以滋润皮肤，防止干燥；油性皮肤者可选用清洁霜洗脸，两三天用一次磨砂膏彻底清除毛孔内的污秽和皮脂，去除角质层，洗脸后涂上收缩水，促使毛孔收缩，皮肤光洁。另外，初用一种护肤品时要细心观察皮肤的反应，以确定是否继续使用。适当地使用皮肤护肤品会使皮肤锦上添花，更有魅力。

四、睡眠充足

有的同学有熬夜的习惯，每天睡眠不足 8 个小时。睡眠不足会引起精神不振、皮肤松弛、面容憔悴、眼圈出现黑晕等症状。

怎样才算正确洗脸、洗手？

洗脸是人每天都要做的事，但洗脸不是一项简单的例行公事，它的方法的正确与否决定着你的皮肤的好坏程度，假如你在乎自己的肤质，就该好好认真对待洗脸这项既简单又复杂的工程了。

我们的脸部有一层保护膜，就青少年而言，洗脸时只需用清水冲洗即可，无须使用任何洗面产品。如果喜欢用清洁用品，那么就要注意以下事项：

首先，是选择清洁用品，应该选择清洁性适中的产品，若过度洗去油脂，常常会造成皮肤太过干燥和敏感。当发现脸部出现发红、脱皮，对于平常惯用的保养品也会过敏时，就要检查一下洗脸用品是否太过刺激，否则过度清洁不但无益于肌肤健康，而且致使过于干燥的肌肤容易生成小细纹。

而一般人常有错误的观念，以为洗面皂比洗面乳洗得较干净，其实发泡性并不等于清洁力。清洁产品的形态很多，洗面乳、固态的洗面皂、凝胶等清洁用品，并无法单就清洁产品形态的不同来区分清洁力的强弱，泡沫的多寡或泡沫触感的绵细与否也与清洁力或刺激性并无直接相关，所以，依清洁产品的成分来区分清洁力的强弱才是正确的方式。有时过多的泡沫可能是皂性或介面活性剂太强，甚至会对肌肤产生伤害。

其次，要控制洗脸的次数和时间。夏天天气热，容易出汗，汗水会带出较多油脂分布到脸上，而这正是青春痘生成的原因。预防青春痘生成可从基础的洗脸做起，所以油性肌肤可选择清洁力中等的洗脸产品，一天最多使用洗面剂洗脸三次。如果油脂太多，可以用温水洗脸，降低油腻，用温水洗净后，再用冷水泼一泼收敛毛孔。但还是要小心不要清洁过度，否则表皮的弱酸性保护膜被洗净，抵抗力变差使细菌容易侵入，痘痘可能因此更猖獗。

身处炎热的亚热带气候，大部分的人都是混合性的肌肤，洗脸时可从较油的 T 字部位洗起，动作要轻柔，不要过度按摩，免得刺激肌肤。使用洗面乳清洁脸部肌肤时，可将洗面乳在干净的手掌中搓揉起泡后，均匀按摩至脸上，让洗面乳在脸部停留 1～2 分钟就可冲洗干净，洗得太久反会造成过度清洁的反效果。

最后，要掌握洗脸的水温。许多人以为用热水洗脸才干净，其实是很不正确的观念。洗脸时的水温以微温或冷水较为适当，水温过高会刺激油脂的分泌，反而造成越洗越油的反效果。冷水洗脸对皮肤健康是很好的，可以骤然收紧毛孔，缺点是不利于清洁毛孔，但皮肤会比较光滑。

接下来我们说一说洗手。手是人体的“外交器官”，人们的一切“外事活动”，它都一马当先，比如从事各种劳动、倒垃圾、刷痰盂、洗脚、穿鞋、搽大便等，都要用手来完成。因此，手就容易沾染上许多病原体微生物。

有下列情况要洗手：饭前饭后；便前便后；吃药之前；接触过血液、泪液、鼻涕、痰液和唾液之后；做完扫除工作之后；接触钱币之后；接触别人之后；在室外玩耍沾染了脏东西之后；户外运动、作业、购物之后；抱孩子之前；与患者接触后、接触过传染物品的更要经过消毒反复洗；触摸眼、口、鼻前要洗手；戴口罩前及除口罩后应洗手；接触公用物件如扶手、门柄、电梯按钮、公共电话后要洗手；从外面回家后要洗手。

洗手的过程是打开水龙头后，流动的水冲洗手部，应使手腕、手掌和手指充分浸湿；打上肥皂或洗涤液，均匀涂抹，搓出沫儿，让手掌、手背、手指、指缝等都沾满，然后反复搓揉双手及腕部。整个搓揉时间不应少于30秒，最后再用流动的自来水冲洗干净，直至手上不再有肥皂沫儿为止。一般情况下，应照此办法重复2～3遍，以保证把全部脏东西去除。触摸过传染物品的手，洗时更要严格消毒，至少应照此办法搓冲五至六遍，使“保险系数”更大一些。再用清水冲洗，冲洗时把手指尖向下，双手下垂，让水把香皂泡沫顺手指冲下，这样不会使脏水再次污染手和前臂。

在这个过程中，有三个环节不能忽视：一是要注意清除容易沾染致病菌的指甲、指尖、指甲缝、指关节等部位，务必将其中的污垢去除。二是要注意彻底清洗戴戒指等饰品的部位，因为这样的地方会使局部形成一个藏污纳垢的“特区”，稍不注意就会使细菌“漏网”。三是注意随时清洗水龙头开关。因为洗手前开水龙头时，脏手实际上已经污染了水龙头开关。开关处也要用手打上肥皂沫儿摩擦一会儿，再用双手捧水冲洗干净，然后再关水龙头。如果用的是“脚踏式”或“感应式”开关，则省事多了。

手洗净后，一定要用干净的个人专用毛巾、手绢或一次性消毒纸巾擦干双手，并勤换毛巾。如果用脏毛巾或脏手绢，甚至用衣襟擦手，实际上会造成“二次污染”。有的洗手间置有“自动干手器”，洗净后及时把湿手烘干，当然更好；如果上述条件都不具备，让湿手自动“晾干”，也不失为一种好办法。

怎样洗澡、洗头才健康？

洗澡是保持个人卫生的一种重要方法，并且洗澡对保持身体健康也能起到很好的作用。专家提醒，洗澡次数增加及不正确的洗澡方式是导致皮肤瘙痒症增多的最主要原因，因此，要远离瘙痒，最关键一点是掌握正确的洗澡方法。一些科普文章建议，一周只能洗一两次澡。专家认为，只要方法正确，即使天天洗也是可以的。

据介绍，人的皮肤表面有一层薄薄的“皮脂膜”，它是由分泌的油脂、汗液和皮肤细胞碎屑构成的，对皮肤起着保护作用，并让皮肤看上去有光泽。冬季皮肤干燥、缺水、瘙痒，就缘于这层皮脂膜受到了破坏。正确洗澡的方法，应该是在清洁皮肤的同时不破坏皮脂膜。

首先，如果是淋浴，一定要调好水温，以免烫伤或者水太凉而引起感冒，另外洗澡时用过热的水，容易使皮肤变得干燥；如果是池浴，在放洗澡水的时候，一定要先放冷水，再慢慢地放热水，然后用手试试温度，以免烫伤自己。

水温应在 40 ℃～50 ℃，比体温略高，不感觉烫。水太烫会破坏皮脂膜，造成皮肤微小的损伤，加重瘙痒。

其次，如果是天天洗澡，每次 5～10 分钟就可以，不要超过 30 分钟。推荐盆浴或木桶浴，这是因为泡在水里能促进皮肤吸收水分，并且能加快血液循环，改善皮肤代谢。洗澡时，不要用力搓，以免造成皮肤损伤，加重瘙痒。另外，老人盆浴的水位不要超过心脏水平。可以将两把淀粉或燕麦煮开，放进浴缸里，浴后不要冲洗。淀粉浴和燕麦浴可以安抚皮肤，降低皮肤敏感度，保护皮脂膜，减轻皮肤瘙痒。

再次，尽量选中性或弱酸性的沐浴露，不要用碱性的香皂、肥皂。判断酸碱性，看商品说明就可以。冬季洗澡，如果不是特别脏，可以不用沐浴露。

最后，浴后一定要在皮肤没干透的情况下搽乳液，除了腋下、腹股沟，全身都要抹。小腿、腰、臀和前臂皮脂腺最少，最容易发生瘙痒，要多抹或反复抹。由于浴后乳液保湿作用只有一两天，因此即使不洗澡也要记得涂抹。

接下来我们谈一谈洗头。将一头的灰尘洗去，闭上眼睛任凭发丝随风舞动，享受发间的隐约清香……洗头真的是一件很惬意的事情。可是，你真的会洗吗？下面就来教你如何正确洗头：

首先是预备洗。预备洗的方法就是用大量的水冲洗头发。这样做的目的，是要洗掉残留在头发上的灰尘、脏东西、头皮屑等等。可以减少洗发用品的使用量，降低对头发及头皮的损伤。

接下来是正式洗。正式洗时就要用洗发用品清洁，怎样将洗发精放到头发上，就有些讲究了。把洗发精直接往头顶上一倒就洗起来了，这样容易造成头顶部位的洗发精浓度过高，不容易洗净，时间一长头皮会有伤害，甚至有可能头顶部位的头发因而较为稀疏。正确的方法是：先将洗发精倒在手上，再滴一些水在上面，轻轻搓揉，让洗发精开始发泡后，均匀涂抹在头发上。洗头时不要用指甲抓头皮，应该用指腹部分，这样可以避免伤害头皮，双手是以锯齿状或画圆圈的方式来洗头，这样可以达到按摩头皮、促进血液循环的目的。彻底洗净之后，再用大量的水将洗发精完全冲洗掉。有人认为热水的溶解力较佳，所以用很热的水来冲洗头发。可是别忘了热水也会伤害头皮，如果害怕洗发精残留，用温水多冲几次也可达到目的，不一定要用很热的水。

第三个步骤就是护发。现在的洗发精干净力强，有时连头发所必须的油脂都洗掉了。而润发的目的，是要补充被冲洗掉的油脂，增加光泽，使头发容易梳理。使用方法如下：取适量的润发剂放在手上，先由发际着手，从发根开始涂抹，再顺势往头发末端涂抹，尽量涂抹均匀。涂抹完毕之后，用大量清水冲洗，直到黏稠感消失为止。在这里要强调的一点就是，并不是每次洗完头发就要润发。过度的润发，会造成头发油腻，通常是在过度吹整头发，或者冬季温度湿度低，造成头发破坏的时候，才需要润发。

第四个步骤就是干燥。刚洗完的头发是处在最容易受损的状态，所以我们要尽快地吹干头发。首先要用毛巾吸掉多余的水分，方法是将毛巾包住头发，轻轻地拍，千万不要用力揉或者让头发互相摩擦。接着再用吹风机吹干头发，吹风机的温度应该设定得低一点，风力设定得弱一点。尽量远离头部，并且要小幅度晃动，避免固定在同一个地方吹，同时用另一只手去翻动，如此风才能吹到头发深处，连头皮也能充分干燥。另外，梳头的梳子也要注意，尽量要使用间隙较宽、头较宽的梳子，以免伤害头发及头皮。

想保护好牙齿健康，怎么办？

日常生活中，人们虽然每天都刷牙，可是有相当一部分人不懂得刷牙的学问，所以学会正确刷牙对保持个人的口腔卫生极为重要。

牙分牙冠、牙颈和牙根三个部分。牙冠即我们能见到的部分，是牙露于牙龈以外的部分。牙冠表面覆盖有一层釉质，釉质是人体中最坚硬的组织，硬度近似石英。牙根是嵌入上、下颌骨牙槽突内的部分。牙根表面包有一层牙骨质。牙颈是介于牙冠和牙根之间的稍细部分，外包牙龈。牙主要由牙质构成，内部的空腔称为牙腔。活体牙腔内充填有结缔组织，神经和血管，合称为牙髓。血管和神经由牙根尖孔出入。患有龋齿时，当细菌腐蚀釉质和牙质进入牙髓腔，刺激神经，则疼痛难忍。

要保护好自己的牙齿，就要持之以恒地做到以下几点：

1. 要养成良好的刷牙习惯。饭后用温开水漱口，早晚各刷牙一次。刷牙的次数不能太多，多了反而会损伤牙齿，刷牙的时间也不宜过长。刷牙要注意正确的方法：顺着牙，竖着刷，刷完里面再刷外面。不可横向来回用力刷，否则会损伤牙龈。

2. 平时要注意牙齿卫生，保护好牙齿。平时要少吃糖果。尤其是临睡前不要吃糖，预防龋齿。此外，要注意平时的卫生习惯，不咬手指头，不咬铅笔头等异物，不用舌头舔牙齿。

3. 如果牙齿有病，应及时就医。遇有蛀牙、坏牙，应予以修补或拔除。

刷牙不仅维护牙齿健康，也是保持口腔清洁的主要方法，它能消除口腔内软白污物、食物碎片和部分牙面菌斑，而且有按摩牙龈作用，从而减少口腔环境中致病因素，增强组织的抗病能力，刷牙对于预防各种口腔疾病，特别是对于预防和治疗牙周病和龋病等，具有重要的作用。

一般有三种比较好的刷牙方法。

一、竖刷法

就是将牙刷毛束尖端放在牙龈和牙冠交界处，顺着牙齿的方向稍微加压，刷上牙时向下刷，刷下牙时向上刷，牙的内外面和咬合面都要刷到。在同一部位要反复刷数次。这种方法可以有效消除菌斑及软垢，并能刺激牙龈，使牙龈外形保持正常。

二、颤动法

指的是刷牙时刷毛与牙齿成45°角，使牙刷毛的一部分进入牙龈与牙面之间的间隙，另一部分伸入牙缝内，来回做短距离的颤动。当刷咬合面时，刷毛应平放在牙面上，作前后短距离的颤动。每个部位可以刷2～3颗牙齿，将牙的内外侧面都刷干净。这种方法虽然也是横刷，但是由于是短距离的横刷，基本在原来的位置作水平颤动，同大幅度的横向刷牙相比，不会损伤牙齿颈部，也不容易损伤到牙龈。

三、生理刷牙法

指的是牙刷毛顶端与牙面接触，然后向牙龈方向轻轻刷。这种方法如同食物经过牙龈一样起轻微刺激作用，促进牙龈血液循环，有利于使牙周组织保持健康。

总之，刷牙要动作轻柔，不要用力过猛，但要反复多次。牙齿的每个面都要刷到，特别是最靠后的磨牙，一定要把牙刷伸入进去刷。如果将前面的几种方法结合起来应用，则效果会更好。每次刷完牙，如果不放心，还可以对着镜子看一看是否干净了，只有认真对待，才能保证刷牙的效果。

另外，刷牙时最好采用温水（水温35 ℃左右的水）刷牙。如果刷牙或漱口时不注意水温，长期用凉水刷牙，就会出现牙龈萎缩、牙齿松动脱落等现象。温水刷牙还能有效减少牙刷刷毛对牙龈的刺激，有效避免牙龈的出血。经常给牙齿和牙龈以骤冷骤热的刺激，则可能导致牙齿和牙龈出现各种疾病，使牙齿寿命缩短。牙齿的寿命要比人体的寿命短，其根源是出在“凉水刷牙”这一习惯上。

要保护好耳朵，怎么办？

人的两耳不仅衬托、美化面部，而且有着非常重要的听觉和位觉（平衡）功能。耳是接受声音刺激的听觉器官，同时其内耳的前庭和半规管部分又属平衡器官。外耳（耳廓外听道）起集音作用，中耳（鼓膜听骨链的卵圆窗）起传音作用，内耳（耳蜗听神经末梢）有感音功能。耳的任何部位有病变，均可影响听觉功能。听觉功能对于人类认识社会，改造自然有着重要意义。人们通过语言声音彼此互相往来，交流思想，协调工作，共同生活。既然耳朵有这么重要的生理功能，应该注意爱护和保护。如何保护自己的耳朵？

一、防止冻伤及外伤

耳壳暴露于头颅两侧，除耳垂外均为可动软骨及皮肤构成，供血不良，冬春季节及寒冷地区容易发生耳廓冻伤，应注意保护。打架斗殴、车祸等意外或家长管教孩子，常用手打击耳部，造成耳廓撕裂或鼓膜穿孔。发生外伤性鼓膜穿孔后，切忌冲洗或滴药，应以消毒棉球堵塞耳道口，内服消炎药。扎耳针、囊肿穿刺或扎耳眼时，一定要严格消毒，无菌操作，以免发生鼓膜炎。

二、纠正挖耳不良习惯

耳道内有皮脂腺、耵聍腺及毳毛等，常附有病菌。有些人喜用发夹、火柴柄、手指等挖耳，造成外耳道皮肤损伤，感染后易发生脓肿及软鼓膜炎。挖耳时被别人碰撞极易引起鼓膜破裂，感染后引起中耳炎，影响听力。常言道“耳不挖不聋”是有一定道理的。

三、防止蚊蝇昆虫入耳

夏天在室外乘凉睡觉时，常有小昆虫、蜈蚣等误入耳道，中耳炎患者耳朵流脓有腥臭味，易引诱苍蝇入耳，应有专人看守和自我防护。一旦发生，可用油类或麻药滴耳，让其窒息死亡，然后再取出，并根据病情进行治疗，以免感染引起炎症及耳聋。

四、游泳时防水呛入耳鼻

游泳时耳道灌水后，可将头偏向一侧并跳动数次，水可自动流出。游泳时嬉戏、跳水或潜水时，鼻腔进水发生咳呛，经耳咽管进入中耳腔，易引起中耳炎。没有掌握游泳要领者最好不要做跳水及潜水动作，中耳炎、鼓膜穿孔者更应慎重。

五、防止噪声及爆震性耳聋

长期在噪声环境中（噪声大于85分贝）工作的人可致感音神经性耳聋；爆震巨声或大气压剧变，可引起内耳损害造成耳聋。预防办法：降低声源强度，远距离或在间隔屏障外操作，有条件者使用消声器、排音器和吸音器；还可佩戴耳塞，减少工作时间或调离噪声环境。平时不要在噪声环境或有爆震的场合逗留。

六、预防药物毒性耳聋

目前得知药物及化学制剂物质能致耳聋者至少有90余种，药物致聋更为常见，20 世纪 50 年代仅占后天耳聋的 3%，70 年代占 35%，90 年代初期占 43%，90 年代末已上升至 54%。常见致聋药物有卡那霉素、庆大霉素、硫酸链霉素及新霉素等。特别是幼小儿童及年老体弱者更易引起耳聋。药物毒性耳聋如能早期发现，经过积极治疗，尚能恢复部分听力，若至晚期大多不能治愈。药物毒性耳聋主要是预防。对幼小儿童禁用或慎用上述药物，急需使用时亦应按药典规定，决不能超过剂量。治疗时要仔细观察患儿对响声的反应，或作客观听力检测，如声导抗、听诱发电位、耳蜗电图、听脑干反应及耳声发射等。

七、有病及时治疗

耳部任何部位的病变都可能造成程度不同、时间长短不一的耳聋，如耵聍栓、耳道脓肿、中耳炎、突发性耳聋等，都应该及时治疗，尽量减少听力损害。有些全身性疾病如流行性腮腺炎、流脑、败血症、白血病以及再生障碍性贫血等，都会损害听力。在治疗原发病的同时注意保护听力，及时去耳科检查治疗。

除了以上保护耳朵的注意事项外，我们特别提出耳机正确佩戴的问题。

近年来，随着各类随身视频、音乐、收音设备的兴起，耳机遍布人群之中。其实，耳机作为超近距离的贴耳设备，对耳朵的健康是有一定的损害的。通常情况，戴耳机对听力的损害并不是一下子显现出来的，但是，再过 5 年、10 年，或者是 20 年，经常戴耳机对听力的影响才会逐渐显现出来。科学研究表明：大多数正常人在 70 岁左右时才听不清声音，而那些经常戴耳机的人，却很可能在 45 岁左右时就开始出现听力下降的现象了。因此，我们在戴耳机时，一定要注意一些事项。

对于耳机音量的大小，我们的标准是以可以听清楚为佳，倘若你戴上耳机后就无法与他人进行正常谈话，或者你旁边的人都可以很清楚地听到从你的耳机里传出来的声音，那就说明你的耳机播放的音量已经非常不利于你的听力了。

另外，每次戴着耳机听音乐的时间不宜超过 20 分钟，每天戴着耳机听音乐的时间不宜超过 1 小时。之所以要遵守这个标准，是因为耳机的振动膜与耳膜之间离得非常近，使得声波传播的范围又小又集中，从而极大地刺激耳膜的听觉神经。长此以往，这种不良刺激就很可能会引起头胀痛、失眠、耳鸣甚至记忆力减退，从而影响到正常的听力。

当因戴耳机时间过长而感觉听声音模糊，或者是在摘下耳机后听不清别人的讲话，或者耳朵发痒、耳鸣，或者自己说话的时候不得不提高嗓门，这时候，你就一定不要再不当回事儿了，这很可能是你听力受损的征兆，要及时去医院接受检查，并停止使用耳机。

最后，需要指出的是，常戴耳机不仅仅会影响听力，它还有潜在的危险。很多同学在上下学的路上都戴着耳机，步行或者骑自行车，甚至是横穿马路时都不把耳机摘下来，这样太危险了，因为它直接影响着你的听力，并且你的注意力也被音乐分散了一部分，一旦不注意周围车辆的鸣笛，就很容易发生交通事故。

看电视方式不健康，怎么办？

随着人们生活水平的不断提高，电视机在城乡家庭已得到普及，电视节目丰富了人们的文化生活，增加了人们的精神食粮，看电视已成为许多人日常生活中不可缺少的重要组成部分。看电视不仅可以使我们获得各种信息和知识，还可以丰富生活内容、增加生活趣味。但长期迷恋电视却会导致发生多种身心疾病，如失眠、记忆力下降、头晕、眼花、疲倦乏力、腹胀、注意力不集中等。因此，我们在看电视时一定要注意以下几点：

一、电视机的位置和距离

电视机的放置要尽可能放在光线比较柔和的角落，高度也要适当，不要太高或太低，电视机的屏幕中心最好和眼睛处在同一水平线上或稍低一些。看电视时，眼部肌肉处于紧张状态，眼和屏幕距离要合适。距离太近，看起来模糊不清，容易引起视力疲劳；距离太远，又不易看清。一般来说，电视机和人的距离应该是屏幕对角线的4～6倍，也可以用简便方法测量：将一只手向前伸直，手掌横放，闭上一只眼睛，如果手掌正好把电视屏遮住，这个距离较为合适。另外，看电视时，最好坐在屏幕的正前方，如果坐在旁侧，观察角不应小于45度。

二、电视机的对比度和房间的亮度

电视机的对比度太大，光线亮度不均匀，视力更为集中，容易引起眼睛疲劳。对比度太小，图像色彩不分明，也不容易看清楚。有的人看电视喜欢把屋子的灯都关掉，这样屏幕的亮度和四周黑暗的环境形成鲜明的对比，长时间观看，眼睛很不舒服。相反，如果房间里的灯泡很亮，那么屏幕上的图像就显得灰暗，也看不清楚。所以看电视时，屋子里的光线不要太暗，也不要太亮，可以在屋子里开一盏柔和的小灯或红色的灯泡，这样眼睛就不容易疲劳了。

三、看电视时间不宜过长

长时间看电视会使我们运动量相对减少，正处于长身体重要阶段的我们会因长期得不到刺激而影响到身高。另外，长时间看电视还会影响到睡眠，睡眠不足必然会影响正常的生理机能，从而影响健康。况且，人的精力和时间都是有限的，看电视的时间长了，学习的时间必然会相对减少，且精力也不足。

四、慎重选择看电视的内容

电视节目总有一些色情、暴力、欺诈、消极等内容掺杂其中，青少年又是模仿能力很强而分辨力却相对弱的群体，如果总看这一类节目，必定会影响身心健康。因此，青少年要有选择地看适合自己年龄段的节目，比如教育台和少儿台的节目。同时，也可在师长的指导下，看一些内容积极向上的节目。

五、养成看电视时的好习惯

看电视时要注意坐姿端正，而不宜平躺、屈颈弯背或趴在桌子上，因为不正确的姿势会引起颈部软组织劳损和颈椎综合征。另外，不要太靠近电视机，选择一个适当的距离，以免对视力不利。最后，不宜边吃饭边看电视或者为了看电视而狼吞虎咽，这样会影响消化，并且还可能诱发各种肠胃疾病。

另外，患有强直性脊椎炎、坐骨神经痛等疾病的人，不宜长时间看电视，以免加重病情，影响睡眠。观看完紧张、刺激的节目后，也不宜立即上床睡觉。由于兴奋没有平息下来，常导致入睡困难，长此以往，就会引起神经官能症。

“三餐”应该怎样吃？

一天要吃三餐饭。人吃饭不只是为了填饱肚子或是解馋，主要是为了保证身体的正常发育和健康。实验证明：每日三餐，食物中的蛋白质消化吸收率为85%；如改为每日两餐，每餐各吃全天食物量的一半，则蛋白质消化吸收率仅为75%。因此，按照我国人民的生活习惯，一般来说，每日三餐还是比较合理的。同时还要注意，两餐间隔的时间要适宜，间隔太长会引起高度饥饿感，影响人的劳动和工作效率；间隔时间如果太短，上顿食物在胃里还没有排空，就接着吃下顿食物，会使消化器官得不到适当的休息，消化功能就会逐步降低，影响食欲和消化。一般混合食物在胃里停留的时间是 4 ~5 小时，两餐的间隔以 4 ~5 小时比较合适，如果是 5 ~6 小时基本上也合乎要求。

营养专家认为，早餐是一天中最重要的一顿饭，每天吃一顿好的早餐，可使人长寿。早餐要吃好，是指早餐应吃一些营养价值高、少而精的食物。因为人经过一夜的睡眠，头一天晚上进食的营养已基本耗完，早上只有及时地补充营养，才能满足上午工作、劳动和学习的需要。早餐在设计上选择易消化、吸收，纤维质高的食物为主，最好能在主食的比例上占最高，如此将成为一天精力的主要来源。

专家经过长期观察发现，一个人早晨起床后不吃早餐，血液黏度就会增高，且流动缓慢，天长日久，会导致心脏病的发作。因此，早餐丰盛不但使人在一天的工作中都精力充沛，而且有益于心脏的健康。坚持吃早餐的青少年要比不吃早餐的青少年长得壮实，抗病能力强，在学校课堂上表现得更加突出，听课时精力集中，理解能力强，学习成绩大都更加优秀。

一般情况下，理想的早餐要掌握三个要素：就餐时间、营养量和主副食平衡搭配。一般来说，起床后活动 30 分钟再吃早餐最为适宜，因为这时人的食欲最旺盛。早餐不但要注意数量，而且还要讲究质量。按成人计算，早餐的主食量应在 150 ~200 克之间，热量应为 700 千卡左右。当然从事不同劳动强度及年龄不同的人所需的热量也不尽相同。如小学生需 500 千卡左右的热量，中学生则需 600 千卡左右的热量。就食量和热量而言，应占不同年龄段的人一日总食量和总热量的 30% 为宜。主食一般应吃含淀粉的食物，如馒头、豆包、面包等，还要适当增加些含蛋白质丰富的食物，如牛奶、豆浆、鸡蛋等，再配以一些小菜。

俗话说“中午饱，一天饱”。说明午餐是一日中主要的一餐。由于上午体内热能消耗较大，午后还要继续工作和学习，因此，不同年龄、不同体力的人午餐热量应占他们每天所需总热量的 40% 。主食根据三餐食量配比，应在 150 ~200 克左右，可在米饭、面制品（馒头、面条、大饼、玉米面发糕等）中间任意选择。副食在 240 ~360 克左右，以满足人体对无机盐和维生素的需要。副食种类的选择很广泛，如：肉、蛋、奶、禽类、豆制品类、海产品、蔬菜类等，按照科学配餐的原则挑选几种，相互搭配食用。一般宜选择 50 ~ 100 克的肉禽蛋类，50 克豆制品，再配上 200 ~ 250 克蔬菜，也就是要吃些耐饥饿又能产生高热量的炒菜，使体内血糖继续维持在高水平，从而保证下午的工作和学习。但是，中午要吃饱，不等于要暴食，一般吃到八九分饱就可以。

晚餐比较接近睡眠时间，不宜吃得太饱，尤其不可吃夜宵。晚餐应选择含纤维和碳水化合物多的食物。但是一般家庭，晚餐是全家三餐中唯一的大家相聚共享天伦的一餐，所以对多数家庭来说，这一餐大家都煮得非常丰富，这种做法有些违背健康理念，因此在调整上仍与午餐相同的是餐前半小时应有蔬菜汁或水果的供应。晚餐时仍应有一道以上的生菜沙拉盘，内有各式芽菜。芽菜在吃食时可用海苔卷包起，做些变化。主食与副食的量都可适量减少，以便到睡觉时正好是空腹状态。

一般而言，晚上多数人血液循环较差，所以可以选些天然的热性食物来补足此现象，例如辣椒、咖哩、肉桂等皆可。寒性蔬菜如小黄瓜、菜瓜、冬瓜等晚上用量少些。晚餐尽量在晚上 8 点以前完成，若是 8 点以后任何食物对我们都是不良的食物。若是重食的家庭，晚餐肉类最好只有一种，不可以有多种，否则会增加体内太多负担。晚餐后请勿再吃任何甜食，很容易伤肝。

季节饮食如何安排？

随着季节的变化，人体内各器官的状态也有所变化。故要根据季节的不同，选择美味又健康的食物，进行饮食的科学安排。

一、春季饮食

春季，气温变化大，所以春季的营养构成应以高热量为主，由于冷热刺激可使体内的蛋白质分解加速，导致机体抵抗力降低而致病，这时需要补充优质蛋白质食品，如鸡蛋、鱼类、鸡肉和豆制品等。

春天，细菌、病毒等微生物开始繁殖，活力增强，容易侵犯人体而致病，所以，在饮食上应摄取足够的维生素和无机盐。小白菜、油菜、柿子椒、番茄等新鲜蔬菜和柑橘、柠檬等水果，富含维生素C，具有抗病毒作用；胡萝卜、苋菜等黄绿色蔬菜，富含维生素A，具有保护和增强上呼吸道黏膜和呼吸器官上皮细胞的功能，从而可抵抗各种致病因素的侵袭；富含维生素E的食物也应食用，以提高人体免疫功能，增强机体的抗病能力，这类食物有芝麻、青色卷心菜、菜花等。

我国医学还认为，“春日宜省酸增甘，以养脾气”。这是因为春季肝气最旺，肝气旺会影响脾，所以春季容易出现脾胃虚弱病症。多吃酸味食物会使肝功能偏亢，故春季饮食调养，宜选辛、甘温之品，忌酸涩。饮食宜清淡可口，忌油腻、生冷及刺激性食物。

二、夏季饮食

夏暑逼人，天气炎热。人们食欲降低，肠胃功能也减弱，许多人这时不想吃肥肉和油腻食物，在饮食安排上应以清淡为主，注意食物的色、香、味，尽量引起食欲，使身体能得到全面的营养。一般来说，可以多吃一些凉拌菜、咸蛋、豆制品、芝麻酱、绿豆以及黄瓜、丝瓜、冬瓜、青菜、番茄、花菜之类的蔬菜。瓜类尤其是消暑解渴的上品。

夏天气温高，出汗多，饮水多，胃酸容易被冲淡，消化液分泌相对减少，消化功能减弱致使食欲不振，再加上天热人们贪吃生冷食物造成胃肠功能紊乱或因食物不清洁引致胃肠不适，甚至食物中毒，所以，夏季饮食应清淡而又能促进食欲，这样就可以达到养生保健的目的。

夏季不能暴饮暴食，就是不能过饱，尤其晚餐更不应饱食。谚语说：“少吃一口，活到九十九。”老人、小孩消化力本来不强，夏季就更差，吃得过饱，消化不了，容易使脾胃受损，导致胃病。如果吃七成饱，食欲就会继续增强。

要适当多吃一些水果和苦味的食物，如梨、西瓜、苦瓜等。夏季酷暑炎热、高温湿重，吃西瓜、苦味食物，就能清泄暑热，以燥其湿，便可以健脾，增进食欲。味酸的食物能收能涩，夏季汗多易伤阴，食酸能敛汗，能止泄泻。如番茄具有生津止渴、健胃消食、凉血平肝、清热解毒、降低血压之功。

三、秋季饮食

秋高气爽，天气怡人。人们从酷暑中解脱出来，食欲逐渐增强，同时，这个季节的食品种类也最丰富，蔬菜、水果齐全，豆类、肉类、蛋类货源充足。因此在秋季饮食安排上，只要注意营养平衡搭配就可以了。但要注意，秋季空气干燥，人体需要水分，要多食含水分多的食物，少用胡椒、葱、姜等辛辣之品。如有条件，可多食一些糯米、芝麻、蜂蜜、枇杷、菠萝、乳品类食物。

秋季，人体的生理也随着季节的转换而发生变化，因此，秋季的饮食要随时而变化，以适应秋季养生之需。秋季饮食的原则是以“甘平为主”，即多吃有清肝作用的食物，少食酸性食物。我国的传统医学认为，秋季多吃酸，则克脾，引起五脏不调，而多食甘平类的食物，则以增强脾的活动，使肝脾活动协调。

四、冬季饮食

大雪纷飞，朔风凛冽。严寒的天气会使人体的代谢加强，为了防御风寒，在饮食上可以多增加产热量高的食品，如炖肉、烧鱼、火锅等。冬季缺少黄绿色蔬菜，容易发生维生素缺乏症，降低机体的抵抗力。因此，在冬季要注意选择那些富含维生素的蔬菜食用，如胡萝卜、青菜、菠菜、蘑菇、青椒、青蒜以及水果之类。调味品可多用些辛辣食物，如胡椒、葱、姜、蒜等，以驱除人体中的寒气。在烹调方法上，多采用烧、焖、炖、煨、煮等方法。冬季饭菜以色味浓厚为好，既有营养，又可增强食欲。

另外，在严寒的冬天人们喜欢喝上热腾腾的饮料，暖胃又暖身，但是，专家指出，冬天喝过热的饮料其实也是误区。因为饮用温度过高的饮料，会造成广泛的皮肤黏膜损伤。蛋白质在43 ℃开始变性，胃肠道黏液在达60 ℃时会产生不可逆的降解，在47 ℃以上时，血细胞、培养细胞和移植器官会全部死亡。所以，不要在冬季经常饮用过热的饮料。

怎样饮水最健康？

大家对饮食的重视还是远远高于饮水的，但是科学的饮水对我们来说也很重要。水是人类每天必不可少的营养物质。有试验证明，一个人只喝水不吃饭仍能存活十几天，但如果几天不喝水，人就无法生存，可见水对人体健康十分重要。健康成年人每天约需2 500毫升水，因此要保持健康就必须注意每天摄入充足的水分。

科学研究表明，白开水是对身体最有益的饮料。白开水不含卡路里，不用消化就能为人体直接吸收利用，它进入人体后可以立即发挥新陈代谢功能，调节体温、输送养分。所以习惯喝白开水的人，体内脱氧酶活性高，肌肉内乳酸堆积少，不容易产生疲劳。

平常饮水也应尽量做到科学，首先是饮水的时间。一般饮水的四个最佳时间是：

第一次：早晨刚起床，此时正是血液缺水状态。

第二次：上午8时至10时之间，可补充工作时间流汗失去的水分。

第三次：下午3时左右，正是喝茶的时刻。

第四次：睡前，睡觉时血液的浓度会增高，睡前适量饮水会冲淡积压液，扩张血管，对身体有好处。

饮水除了要注意时间外，还要注意以下几点：

一、不喝污染的生水

人类80%的传染病与水或水源污染有关。伤寒、霍乱、痢疾、传染性肝炎等疾病都可通过饮用污染的水引起。污染的水还可以引起寄生虫病的传播和地方性疾病等。因此，饮水要符合卫生要求。不要喝生水，要喝煮沸的开水。

二、喝水要掌握适宜的硬度

水的硬度是指溶解在水中盐类含量，水中钙盐、镁盐含量多，则水的硬度大，反之则硬度小。水质过硬影响胃肠道消化吸收功能，发生胃肠功能紊乱，引起消化不良和腹泻。我国规定水的总硬度不超过25度。建议一般饮用水的适宜硬度为10度～20度。处理硬水最好的办法是煮沸，经煮沸后均能达到适宜的硬度。

三、喝水要有节制

夏季气温高。人们多汗易渴。但一次喝水要适量，不要喝大量的水。即便是口渴得厉害，一次也不能喝太多水。这是因为喝进的水被吸收进入血液后，血容量会增加，大量的水进入血液循环就会加重心脏负担。要注意适当地分几次喝。

四、喝水要适时适量

清晨起床后喝一杯水有疏通肠胃之功效，并能降低血液浓度，起到预防血栓形成的作用。爱运动的青少年一定要注意，剧烈运动后一定不要暴饮凉开水或其他饮料，这会加重胃肠负担，使胃液稀释。这样既妨碍对食物的消化，又降低胃液的杀菌作用。喝水速度也一定要注意，太快会使血容量增加过快，因此加重心脏的负担，引起体内钾、钠等电解质发生一时性紊乱，甚至造成更严重的后果。所以运动后科学的饮水方法是，慢慢地喝温开水。另外，进餐后消化液正在消化食物，此时如喝进大量水就会冲淡胃液、胃酸而影响消化功能。

水果怎样吃才健康？

水果对人体健康非常有益，尤其是秋季气候干燥，人们容易皮肤干燥、咽喉肿痛，人体需要水分较多，而营养丰富的水果正好可以改善这些症状。此外，水果富含各种维生素、矿物质，多吃水果不仅能增进健康，更有助于美容。现在知道水果至少有下列作用：

第一，水果含有的果胶、纤维素、半纤维素、木质素等膳食纤维能促进肠道蠕动和排便，对于防止和治疗便秘有良好的作用；由于减少了大便在肠道中的停留时间，对于预防结肠癌等有一定的效果；有利于人体中的铅与其他重金属从体内排出；减少胆固醇的吸收；为肠道中的正常菌群的繁殖提供场所和营养，有利于保持肠道中的菌群平衡。

第二，水果富含钾、钙、镁等矿物质，经代谢后的产物呈碱性，所以被称为成碱性食物。而肉、鱼、蛋、水产品、豆制品等食物的代谢最终产物呈酸性，属于成酸性食品。而人体的新陈代谢只有在弱碱性的条件下才能正常进行。现在很多人吃较多的高蛋白、高脂肪和高热能食品，使血液呈酸性，所以水果对于纠正偏酸性环境，维持体内正常的酸碱度有重要意义。

第三，人类需要的维生素 C 的来源除了蔬菜外就是水果，水果对维生素 C 还有增效作用。

此外，水果中存在的蛋白酶可促进蛋白质的消化；柑橘、樱桃、柠檬、沙棘等水果中的类黄酮化合物有清除自由基的作用。

要发挥水果的良好作用，正确的吃法很重要。怎样吃水果才是健康的呢？吃水果又有什么讲究？下面我们就来谈一谈。

吃水果前先了解水果的属性，根据自己的体质来选择水果的品种。

一般而言水果可分为寒凉、温热、甘平三类。寒凉类水果有柑橘、香蕉、梨、柿子、西瓜等。温热类水果有枣、桃、杏、龙眼、荔枝、葡萄、樱桃、石榴、菠萝等。甘平类水果有梅、李、山楂、苹果等。体质虚弱、面色苍白、体寒的人，应该选择温热性的水果，容易上火的人，应选择一些寒凉性水果。

水果含有许多人体需要的营养和保健成分，它对人体的有利作用已被越来越多的人所认识，所以水果已成为许多人每天必吃的食品之一。但是怎么样吃水果才能保证既吸收了它的营养成分，又不会对身体造成不好的影响呢？

在外国有这么一种说法，即“上午的水果是金，中午到下午 3 点是银，3 点到 6 点是铜，6 点之后的则是铅”。意思就是说上午是吃水果的黄金时期，选择上午吃水果，对人体最具功效，更能发挥营养价值，产生有利人体健康的物质。这样的说法也是有一定的道理的，但并不是这么绝对。

一般而言，早餐前吃水果既开胃又可促进维生素的吸收。人的胃肠经过一夜的休息之后，功能尚在激活中，消化功能不强，但身体又需要补充足够的营养素，此时吃易于消化吸收的水果，可以为上午的工作或学习活动提供营养所需。但适合餐前吃的水果最好选择酸性不太强、涩味不太浓的，如苹果、梨、香蕉、葡萄等。另外，胃肠功能不好的人，不宜在这个时段吃水果。

上午 10 点左右，由于经过一段紧张的工作和学习，碳水化合物基本上已消耗殆尽，此时吃个水果，其果糖和葡萄糖可快速被机体吸收，以补充大脑和身体所需的能量，而这一时段也恰好是身体吸收的活跃阶段，水果中大量的维生素和矿物质，对体内的新陈代谢起到非常好的促进作用。

中医认为：上午 10 点左右，阳气上升，是脾胃一天当中最旺盛的时候，脾胃虚弱者选择在此时吃水果，更有利于身体吸收。餐后 1 小时吃水果有助于消食，可选择菠萝、猕猴桃、橘子、山楂等有机酸含量多的水果。晚餐后吃水果既不利于消化，又很容易因吃得过多，使其中的糖转化为脂肪在体内堆积。

其实，不论餐前餐后吃水果都要牢记四点：

第一，不要空腹吃酸涩味太浓的水果，避免对胃部产生刺激，还可能与胃中的蛋白质形成不易溶解的物质。

第二，不要吃饱后立即吃水果。这样会被先期到达的食物阻滞在胃内，致使水果不能正常地在胃内消化，而是在胃内发酵，从而引起腹胀、腹泻或便秘等症状。如果长此以往，还会导致消化功能紊乱。

第三，特别需要注意的是水果的温度。如果吃了大量的油腻食物，再吃大量冷凉的水果，胃里血管受冷收缩，对肠胃虚弱、对冷凉比较敏感的人来说，可能会影响消化吸收，甚至造成胃部不适。因此，吃水果应以常温为宜，不要贪吃刚从冰箱里拿出来的水果。

第四，选择水果品种应当考虑体质。糖尿病病人应当选择糖分低、果胶高的水果，如草莓、桃等；贫血病人则应选择维生素 C 含量较高的桂圆、枣、草莓等；腹部容易冷痛、腹泻者应当避免香蕉和梨，等等。

怎样吃蔬菜最健康？

蔬菜是我们的生活饮食中不可缺少的部分，我们平时吃蔬菜时可能并不注意究竟怎样吃才算科学健康的吃法，其实也是有讲究的，那么，怎样吃蔬菜最健康呢？

一、要吃新鲜蔬菜

新鲜的青菜，买来存放在家里不吃，便会慢慢损失一些维生素。如菠菜在 20 ℃时放置一天，维生素 C 损失达 84%。若要保存蔬菜，应在避光、通风、干燥的地方贮存。

二、注意含维生素最丰富的部分

例如豆芽，有人在吃时只吃上面的芽而将豆瓣丢掉。事实上，豆瓣中含维生素 C 比芽的部分多 2～3 倍。再就是做蔬菜饺子馅时把菜汁挤掉，维生素会损失 70% 以上。正确的方法是，切好菜后用油拌好，再加盐和调料，这样油包菜，馅就不会出汤。

三、要用小火炒菜

维生素 C、维生素 B_1 都怕热、怕煮。据测定，大火快炒的菜，维生素 C 损失仅 17%，若炒后再焖，菜里的维生素 C 将损失 59%。所以炒菜要用旺火，这样炒出来的菜，不仅色美味好，而且菜里的营养损失也少。烧菜时加少许醋，也有利于维生素的保存。还有些蔬菜如黄瓜、西红柿等，最好凉拌吃。

四、烧好的菜要尽快吃

有人为节省时间，喜欢提前把菜烧好，然后在锅里温着等人来齐再吃或下顿热着吃。其实蔬菜中的维生素 B_1，在烧好后温热的过程中，可损失 25%。烧好的白菜若温热 15 分钟，可损失维生素 C 20%，保温 30 分钟会再损失 10%，若长到 1 小时，就会再损失 20%，假若青菜中的维生素 C 在烹调过程中损失 20%，溶解在菜汤中损失 25%，如果再在火上温热 15 分钟会再损失 20%，共计 65%。那么我们从青菜中得到的维生素 C 就所剩不多了。

五、吃菜要喝汤

许多人爱吃青菜却不爱喝菜汤，事实上，烧菜时，大部分维生素溶解在菜汤里。以维生素 C 为例，小白菜炒好后，维生素 C 会有 70% 溶解在菜汤里，新鲜豌豆放在水里煮沸 3 分钟，维生素 C 有 50% 溶在汤里。

六、不要先切菜再冲洗

在洗切青菜时，若将菜切了再冲洗，大量维生素就会流失到水中。

七、蔬菜最好单独炒

有些人为了减肥不食脂肪而偏爱和肉一起炒的蔬菜。最近据研究人员发现，凡是含水分丰富的蔬菜，其细胞之间充满空气，而肉类的细胞之间却充满了水，所以蔬菜更容易吸收油脂，一碟炒菜所含的油脂往往比一碟炸鱼或炸排骨所含的油脂还多。

八、吃素也要吃荤

时下素食的人越来越多，这对防止动脉硬化无疑是有益的。但是不注意搭配、一味吃素也并非是福。现代科学发现吃素至少有四大害处：一是缺少必要的胆固醇，而适量的胆固醇具有抗癌作用；二是蛋白质摄入不足，这是引起消化道肿瘤的危险因素；三是核黄素摄入量不足，会导致维生素缺乏；四是严重缺锌，而锌是保证机体免疫功能健全的一种十分重要的微量元素，一般蔬菜中都缺乏锌。

九、吃生菜要洗净

蔬菜的污染多为农药或霉菌。进食蔬菜发生农药中毒的事时有发生。蔬菜亦是霉菌的寄生体，霉菌大都不溶于水，有的甚至在沸水中安然无恙。它能进入蔬菜的表面几毫米深。因此食蔬菜必须用清水多洗多泡，去皮，多丢掉一些老黄腐叶，切勿吝惜，特别是生吃更应该如此，不然，会给你的身体健康带来危害。

十、不要把蔬菜榨成汁饮

蔬菜榨汁饮用，会影响唾液中的消化酶分泌。因为咀嚼作用不是单纯地嚼烂蔬菜，更重要的是通过嚼的手段，使含在唾液中的消化酶充分地混合于汁液里，帮助消化和吸收。

我们了解了怎样吃蔬菜最健康后，最后一定要多记住，一定要多多吃蔬菜！

突然感冒了，怎么办？

感冒是一种最常见的呼吸系统疾病，主要症状表现为发冷、出汗、全身酸痛、头痛、骨痛、肌肉痛、疲倦乏力、食欲不振、咳嗽、鼻塞等，传染性强，严重时会引起肺炎及其他并发症。

用于治疗感冒的药物有许多种。由于中成药具有副作用小、疗效好的特点，故很受人们青睐。但临床实践证明，如果中成药选用不当，也可延误病情。中医将感冒分为风寒型感冒、风热型感冒、暑湿型感冒和时行感冒（流行性感冒）四种类型。根据辨证施治的原则，不同类型的感冒应选用不同的中成药治疗。

一、风寒型感冒

症状是病人除了有鼻塞、喷嚏、咳嗽、头痛等一般症状外，还有畏寒、低热、无汗、肌肉疼痛、流清涕、吐稀薄白色痰、咽喉红肿疼痛、口不渴或渴喜热饮、苔薄白等特点，通常要穿很多衣服或盖大被子才觉得舒服点。这种感冒与病人感受风寒有关。治疗应以辛温解表为原则。病人可选用伤风感冒冲剂、感冒清热冲剂、九味羌活丸、通宣理肺丸、午时茶颗粒等药物治疗。若病人兼有内热便秘的症状，可服用防风通圣丸治疗。风寒型感冒病人忌用桑菊感冒片、银翘解毒片、羚翘解毒片、复方感冒片等药物。治疗风寒感冒的关键就是需要出点汗（中医称辛温解表），有很多方法的，包括桑拿、用热水泡脚（最好加点酒）、盖上两层被子、喝姜糖水、喝姜粥等等。风寒感冒主治方是桂枝汤，伤寒论首方，也称和剂之王（麻黄汤也主治风寒感冒，但在南方慎用）。

二、风热型感冒

症状是病人除了有鼻塞、流涕、咳嗽、头痛等感冒的一般症状外，还有发热重、痰液黏稠呈黄色、喉咙痛，通常在感冒症状之前就痛，痰通常是黄色或带黑色，便秘等特点。治疗应以辛凉解表为原则。病人可选用香雪抗病毒口服液、感冒退热冲剂、板蓝根冲剂、银翘解毒丸、羚羊解毒丸等药物治疗。风热型感冒病人忌用九味羌活丸、理肺丸等药物。

三、暑湿型感冒

病人表现为畏寒、发热、口淡无味、头痛、头胀、腹痛、腹泻等症状。此类型感冒多发生在夏季。治疗应以清暑、祛湿、解表为主。病人可选用藿香正气水、银翘解毒丸等药物治疗。如果病人胃肠道症状较重，不宜选用保和丸、山楂丸、香砂养胃丸等药物。

四、时行感冒

病人的症状与风热感冒的症状相似。但时行感冒病人较风热感冒病人的症状重。病人可表现为突然畏寒、高热、头痛、怕冷、寒战、头痛剧烈、全身酸痛、疲乏无力、鼻塞、流涕、干咳、胸痛、恶心、食欲不振，婴幼儿或老年人可能并发肺炎或心力衰竭等症状。治疗应以清热解毒、疏风透表为主。病人可选用香雪抗病毒口服液、防风通圣丸、重感灵片、重感片等药物治疗。如果时行感冒的病人单用银翘解毒片、强力银翘片、夏桑菊感冒片或牛黄解毒片等药物治疗，则疗效较差。

中毒型流感病人则表现为：高热、说胡话、昏迷、抽搐，有时能致人死亡。因此病极易传播，故应及早隔离和治疗。

杜绝感冒，预防最重要。首先，要做到适当增减衣服；其次，要注意常开窗通风换气，保持室内空气流通、干净清洁，勤晒衣被；再次，坚持锻炼身体，增强体质，提高抗病能力，这才是最有效的办法；最后，

"流感"流行期间，尽量不要去人多的地方，避免和流行性感冒患者亲密接触。

热天中暑了，怎么办？

中暑是指在高温和热辐射的长时间作用下，机体体温调节障碍，水、电解质代谢紊乱及神经系统功能损害的症状的总称。颅脑疾患的病人，老弱及产妇耐热能力差者，尤易发生中暑。中暑是一种威胁生命的急诊病，若不给予迅速有力的治疗，可引起抽搐或死亡，永久性脑损害或肾脏衰竭。

诱发中暑的因素很复杂，但其中的主要因素还是气温。根据气象特点，可将发生中暑现场小气候分为两类：一类是干热环境，这是以高气温、强辐射热及低湿度为特点，环境气温一般可较室外高 5 ℃ ~15 ℃，相对湿度常在 40% 以下；另一类为湿热环境，即气温高，湿度高，但辐射热并不强。由于气温在 35 ℃ ~39 ℃时，人体 2/3 余热通过出汗蒸发排泄，此时如果周围环境潮湿，汗液则不易蒸发。

中暑的程度可以分为三级：

1. 先兆中暑。高温环境中，大量出汗、口渴、头昏、耳鸣、胸闷、心悸、恶心、四肢无力、注意力不集中，体温不超过 37.5 ℃；

2. 轻度中暑。具有先兆中暑的症状，同时体温在 38.5 ℃以上，并伴有面色潮红、胸闷、皮肤灼热等现象；或者皮肤湿冷、呕吐、血压下降、脉搏细而快的情况；

3. 重症中暑。除以上症状外，发生昏厥或痉挛；或不出汗，体温在 40 ℃以上。

炎热的夏季，无论是外出旅游，还是上街购物，或者是上体育课，都有可能发生中暑，这时要迅速采取治疗措施。

1. 感到不适时要立刻离开高温环境，迅速到阴凉、通风的地方休息。方便的话最好把衣扣和腰带解开，平躺在草地上，保持呼吸顺畅。

2. 若感觉情况比较严重，则要立即进行人工造风，对头部进行降温；也可找来用冷水浸湿的毛巾，包在头上进行降温。如果恰好附近有流动的河水，可以在保证安全的前提下进行冷水浴，以达到全身降温的目的。

3. 如果带着仁丹、十滴水，可迅速按说明吃下。

4. 按摩人中、合谷、曲池等穴位，可使症状得以缓解。

5. 适量饮用含盐分的冷开水，利于快速恢复正常。

其实，中暑贵在预防，大意是祸根。炎热的夏日，一定要做好防暑工作。

一、出行躲避烈日

夏日出门时记得要备好防晒用具，最好不要在10时至16时的烈日下行走，因为这个时间段的阳光最强烈，发生中暑的可能性是平时的10倍。如果此时必须外出，一定要做好防护工作，如打遮阳伞、戴遮阳帽、戴太阳镜，有条件的最好涂抹防晒霜。

二、准备充足的水和饮料

不要等口渴了才喝水，因为口渴已表示身体已经缺水了。最理想的是根据气温的高低，每天喝1.5~2升水。出汗较多时可适当补充一些盐水，弥补人体因出汗而失去的盐分。夏天的时令蔬菜，如生菜、黄瓜、西红柿等的含水量较高；新鲜水果，如桃子、杏、西瓜、甜瓜等水分含量为80%~90%，都可以用来补充水分。另外，乳制品既能补水，又能满足身体的营养之需。

三、常备必需药品

在炎热的夏季，防暑降温药品如十滴水、仁丹、风油精等一定要带在身边，以备应急之用。

四、保持充足睡眠

夏天日长夜短，气温高，人体新陈代谢旺盛，消耗也大，容易感到疲劳。充足的睡眠，可使大脑和身体各系统都得到放松，既利于学习，又可预防中暑。睡眠时注意不要躺在空调的出风口和电风扇下，以免患上空调病和热伤风。

咳嗽得很厉害，怎么办？

咳嗽是呼吸道感染或受刺激时的明显症状。通过咳嗽可把气管内的异物或分泌物排出体外，以保持呼吸道通畅。呼吸道感染时，如过早应用止咳药物，甚至中枢镇咳剂，会使痰液停滞在气管内，给感染扩散提供条件。所以，早期咳嗽是不宜用镇咳药物的。

依据持续的时间和咳出物，我们可以判断咳嗽的病因：突发性的咳嗽往往是吸入了异物引起的保护性咳嗽；而感冒引起的咳嗽往往持续数天；通常慢性、持续性的咳嗽多是病理性的，病因可能是吸烟、变态反应、哮喘、气管炎、慢性支气管炎、肺气肿、肺结核、肺癌等。

咳出物的性质、颜色、粘稠度提示我们疾病的性质和严重程度。一般来说，若干咳伴背、腿痛，发热，体温超过 39 ℃，头痛、咽喉痛，可判断为流感；若痰变为黄绿色，则提示病菌已上行感染，多是上呼吸道感染、支气管炎、鼻窦炎等；若咳嗽伴有呼吸困难、喘息、胸闷，可诊断为支气管哮喘；如果咳出粉红色血痰或是黄色铁锈样痰，并伴有胸痛、头痛、发热、呼吸困难，则可能是感染了肺炎。

咯血是一种严重症状，如果发生，应立即去看医生。它潜在的病因有可能很严重，也可能并不严重。所以必须去医院作系统检查。有时牙龈出血、鼻出血可能被误以为咯血。咯血一般是鼻腔、咽喉、气管、肺血管破裂所致。最常见的原因是感染，如支气管炎、肺结核、肺炎等，肺癌、血友病也会导致大量咯血。

如果总是咳嗽，我们应该怎么办呢？

一、发挥机体自身的力量

一般来说，咳嗽并非致命疾病，如果只是干咳、鼻塞、喉咙痛等感冒症状，则无需服药，让机体自身的免疫系统来对付就行了。其实，偶尔的感冒对锻炼我们的机体免疫机能不无好处。滥用镇咳药不仅降低机体清洁呼吸道的功能，而且可能会掩盖严重的疾病，这种危害在咳嗽伴有大量咯痰时更为严重。所以，无论使用镇咳药或秘方都不要超过7~10天，最好只是晚上用来缓解咳嗽。

二、有选择地服用药物

一般来说细菌引起的咳嗽可用抗生素来治疗，但对病毒性感冒抗生素不起作用。若感冒病人痰液黏稠，可使用祛痰药以减少痰液分泌。干咳的病人可使用润喉片、甘草片或止咳糖浆来降低机体的易感性，从而缓解咳嗽。但无论使用哪一种药，都不要服用时间太长，而且必须在医生的指导下服用。

三、大量饮水

摄取大量的水分有助于稀化黏痰，使其容易咳出，白开水和果菜汁都是很好的康复饮料，梨汁、西瓜汁、苹果汁、萝卜汁等都是止咳的良药，每天不妨喝它4~5大杯。但注意不要加糖和盐，如果想喝甜的，可以加一点蜂蜜，蜂蜜有润肺通便的作用，有利于症状的减轻。尽量避免饮用含有咖啡因和酒精的饮料，因为这些饮料有利尿的作用，使体液消耗过快。

四、保持空气湿润

增加室内的空气湿度有助于减轻咳嗽、喉咙痛、鼻腔干燥等不适，可以使用加湿器或茶壶烧水加湿。

五、垫高枕头

如果咳嗽让你辗转难眠，有一种缓解的办法可以帮助你。试试将枕头垫高20厘米，侧卧而眠。它可以防止黏液积聚，也可以防止胃中有刺激性的酸性物质返流到食管，进而被吸入。

六、指压治疗

严重的咳嗽可导致上背部肌肉收缩甚至痉挛，此时按压肺经尺泽穴可缓解疼痛。

七、平衡饮食

补充水分是咳嗽病人辅助治疗的基本要求，平时应注意不要食用辛辣刺激的食物，以免加重病情。同时，还应注意补充蛋白质及各种维生素，以帮助机体早日康复。

口腔出现溃疡，怎么办？

口腔溃疡，又称为“口疮”，是发生在口腔黏膜上的表浅性溃疡，大小可从米粒至黄豆大小、成圆形或卵圆形，溃疡面为凹、周围充血，可因刺激性食物引发疼痛，一般一至两个星期可以自愈。口腔溃疡成周期性反复发生，医学上称“复发性口腔溃疡”。可一年发病数次，也可以一个月发病几次，甚至新旧病变交替出现。复发性口腔溃疡是一种以周期性反复发作为特点的口腔黏膜局限性溃疡损伤，可自愈。可发生在口腔黏膜的任何部位，以口腔的唇、颊、软腭或齿龈等处的黏膜，发生单个或者多个大小不等的圆形或椭圆形溃疡，表面覆盖灰白或蓝色假膜溃疡，边界清楚，周围黏膜红而微肿，局部灼痛为主要特征。

口腔溃疡多数是由口腔炎症造成的。常见的原因有：吃了过热、过硬的食物，烫伤口或磨损腔黏膜而引起；对某些药物和食物过敏所致；缺乏维生素 B_2 和维生素 C；某些急性传染病，如麻疹、白喉、猩红热护理不当所造成的；病毒和细菌感染引起的口腔炎（常见的病毒有单纯性疱疹病毒，细菌感染多见于链球菌、梭形杆菌和螺旋体）；口腔不洁。

口腔溃疡的病因较复杂，临床治疗要根据不同的诱因，针对性地治疗，才能获得好的疗效。如：解除精神紧张的压力、镇静、安眠、戒烟、酒等；有消化道疾患的要治疗相应的疾病，增加机体的抵抗力，对于溃疡局部，可采用局部涂擦止痛，消炎，促进愈合的药物。如：鱼肝油糊剂、强的松糊剂、养阴生肌散、溃疡膏等，或者在进食前局部涂擦局麻药，以减轻疼痛。

消炎、止痛、促进溃疡愈合是治疗口腔溃疡的主要目的。治疗方法较多，根据病情选用：

1. 含漱剂：0.25%金霉素溶液，1∶5000 氯己定洗必泰溶液，1∶5000 高锰酸钾溶液，1∶5000 呋喃西林溶液等。

2. 含片：杜米芬含片，溶菌酶含片，氯己定含片。

3. 散剂：冰硼散，锡类散，青黛散，养阴生肌散，黄连散等是中医传统治疗口腔溃疡的主要药。此外，复方倍他米松撒布亦有消炎、止痛、促进溃疡愈合作用。

4. 药膜：其基质中含有抗生素及可的松等药物，用时先将溃疡处擦干、剪下与病变面积大小相近的药膜，贴于溃疡上，有减轻疼痛、保护溃疡面、促进愈合的作用。

5. 止痛剂：有 0.5% ~1% 普鲁卡因液，0.5% ~1% 达克罗宁液，0.5% ~1% 地卡因液，用时涂于溃疡面上，连续 2 次，用于进食前暂时止痛。

6. 烧灼法：适用于溃疡数目少，面积小且间歇期长者。方法是先用 2% 地卡因表面麻醉后，隔湿、擦干溃疡面，用一面积小于溃疡面的小棉球蘸上10%硝酸银液或50%三氮醋酸酊或碘酚液，放于溃疡面上，至表面发白为度。这些药物可使溃疡面上蛋白质沉淀而形成薄膜保护溃疡面，促进愈合，操作时应注意药液不能蘸得太多，不能烧灼邻近的健康组织。

7. 局部封闭：适用于腺周口疮。以2.5%醋酸泼尼龙混悬液0.5～1毫升加入1%普鲁卡因液1毫升注射于溃疡下部组织内，每周1～2次，共用2～4次，有加速溃疡愈合作用。

8. 激光治疗：用氦氖激光照射，可使黏膜再生过程活跃，炎症反应下降，促进愈合。治疗时，照射时间为30秒～5分钟，一次照射不宜多于5个病损。

口腔溃疡在很大程度上与个人身体素质有关，因此要想完全避免其发生可能性不大，但如果尽量避免诱发因素，仍可降低发生率。

具体措施是：注意口腔卫生，避免损伤口腔黏膜，避免辛辣性食物和局部刺激；保持心情舒畅，乐观开朗，避免着急；保证充足的睡眠时间，避免过度疲劳；注意生活规律性和营养均衡性，养成一定的排便习惯，防止便秘。

患了沙眼，怎么办？

沙眼是由沙眼衣原体引起的一种传染性结膜、角膜炎。沙眼衣原体存在于患者的眼分泌物中，分泌物是传染的媒介。

沙眼衣原体的毒素对眼结膜有强烈的侵蚀作用，它的潜伏期通常为5～12天。急性发病时衣原体在上皮细胞内繁殖，发生弥漫性炎症，细胞浸润、结膜混浊、充血，眼睑结膜上皮高度增生形成乳头肥大和泸泡，角膜血管呈垂帘状，在角膜浅层由上向下生长，并伴随着潜在溃疡，有向瞳孔区发展影响视力的倾向；重者遍及全部角膜，视力严重障碍。如未及时彻底治疗或反复重复感染，造成慢性沙眼后，结膜上的乳头及泸泡逐渐形成疤痕，睑结膜开始出现白色条状和网状疤痕。因此，临床上如出现结膜混浊肥厚，同时伴有乳头肥大、泸泡增生或角膜血管翳三项之一者，就可确诊为沙眼。

患了沙眼后具体表现为什么症状呢？轻型可无不适症状，或仅有轻度异物感，不影响视力。重症沙眼角膜受累严重，会出现怕光、流泪、疼痛等刺激症状，视力有不同程度减退，甚至会导致失明。

根据体征，沙眼可分为急性沙眼和慢性沙眼。

一、急性沙眼

呈现急性滤泡结膜炎症状，睑红肿，结膜高度充血，因乳头增生睑结膜粗糙不平，上下穹隆部结膜满面滤泡，合并有弥漫性角膜上皮炎及耳前淋巴结肿大。数周后急性炎症消退，转为慢性期。

二、慢性沙眼

可因反复感染，病程迁延数年至十多年。充血程度虽减轻，但与皮下组织有弥漫性细胞浸润，结膜显污秽肥厚，同时有乳头增生及滤泡形成，滤泡大小不等，可显胶样，病变以上穹隆及睑板上缘结膜显著。同样病变亦见于下睑结膜及下穹隆结膜，严重者甚至可侵及半月皱襞。角膜血管翳：它是由角膜缘外正常的毛细血管网，越过角膜缘进入透明角膜，影响视力，并逐渐向瞳孔区发展，伴有细胞浸润及发展为浅的小溃疡，痊愈后可形成角膜小面。

沙眼的病程较长，可延续数年或数十年，还会出现很多并发症及后遗症，如睑下垂、睑内翻、倒睫等。因此，我们在治疗时应注意以下几点：

1. 沙眼的病程与感染轻重和是否重复感染有关。因此要及早发现，彻底治疗，防止重复感染。一旦感到眼有异物或痒时，应及时检查治疗，即使无任何不适也应定期检查双眼，以便及时发现、治疗。

2. 局部用药。0.5%金霉素眼膏或0.1%利福平溶液，每日滴眼3~6次，持续1~3个月用药，效果较好。10%~30%磺胺醋酰钠眼药水易于保存，效果亦佳。

3. 内服磺胺类药物。

4. 切断传染途径，不接触沙眼患者的分泌物，不让自己的眼分泌物重复感染。

5. 养成良好的卫生习惯，不用手揉眼睛，要有自己专用的毛巾、手帕、面盆，并定期进行消毒。

6. 有后遗症可适当采用手术治疗。

另外，沙眼是通过接触传染的，所以我们要注意平时不要同病人共用手帕、毛巾、洗脸水，或者用在公共场合触摸过东西的脏手去揉自己的眼睛，以切断沙眼的传播通道，否则，被传染上沙眼的可能性就会增大。

最后，我们平时要定期检查沙眼，争取早发现、早治疗，并且治疗彻底。

被检测出假性近视，怎么办？

常见于青少年学生在看近物时，由于持续时间太长，造成睫状肌的持续性收缩，引起调节紧张或调节痉挛，因而在长时间读写后转为看远时，不能很快放松调节，而造成头晕、眼胀、视力下降等视力疲劳症状。这种由于眼的屈光力增强，使眼球处于近视状态，称为假性近视。

假性近视是相对真性近视而言。真正的近视眼是正视眼的屈光系统处于静止状态，即解除了调节作用后，眼的远点位于有限距离之内。换句话说，近视眼是由于先天或后天的因素而造成眼球前后径变长，平行光线进入眼内后在视网膜前形成焦点，引起视物模糊。而假性近视眼，是在看远处物体时还有部分调节作用参加。

假性近视和真性近视从症状上看都有视力疲劳、远视力不好而近视力好的特征。但假性近视属于功能性改变，没有眼球前后径变长的问题，只是调节痉挛，经睫状肌麻痹药点眼后，多数可转为远视或正视眼。如果按真性近视治疗戴了近视镜片，眼睛会感到很不舒服，因它并没有解除调节痉挛，甚至还有导致近视发展的危险。因此假性近视与真性近视的治疗不同。

目前治疗假性近视的方法很多，主要是放松调节，达到治假防真目的。常用的方法有：

一、放松调节

具体方法为：1. 散瞳疗法：应用睫状肌麻痹剂散瞳，目前常用眼药水点眼每日 1 次。2. 戴凸透镜法：先让病人戴一个较高度数的凸透镜，注视 5 米远的视力表，使睫状肌放松，然后调整凸透镜的度数，使视力达到基本正常为止。3. 远眺法：在学习或写字 1 ~2 个小时后远眺大自然景色，使睫状肌调节松弛。坚持做眼保健操每日 3 ~4 次。

二、采用提高视觉中枢的兴奋性

改善视觉功能的方法：直流电治疗近视眼，耳针，梅花针，穴位按摩，穴位导电，气功疗法和冷水浴疗法等。主要是增加大脑的视中枢及视神经细胞的兴奋性，可使远近视力均有提高。

三、改善学习环境

阅读和写字注意保持 30 厘米距离和正确的姿势。注意自然光线和保证室内充足的照明。劳逸结合，改掉不良的学习习惯，每阅读 1 小时应休息 10 ~15 分钟，不要躺着或走路看书。注意加强体育锻炼。

由于假性近视是随着看近时间的延长和调节度的增加而加重，随着看远和调节放松的程度而减轻或消失，所以假性近视具有治则消、不治又可复发的特点。采取多种方法治疗都可能有一定的效果，但都不能持久。因此教育青少年儿童从小养成保护视力的习惯，避免眼睫状肌调节过度而持续紧张，是预防发生近视眼的关键。

另外，为了眼睛的健康，喜欢吃甜食的学生们快快管住自己的嘴。尽量减少摄入蔗糖、葡萄糖、果糖等，并适当增加瘦肉、蛋、奶、鱼、虾等富含铬、钙的食物，及糙米、芝麻等富含维生素 B_1 食物的摄入量，它们可以帮助眼睛补充营养、缓解疲劳。

突然便秘了，怎么办？

所谓便秘，从现代医学角度来看，它不是一种具体的疾病，而是多种疾病的一个症状。便秘在程度上有轻有重，在时间上可以是暂时的，也可以是长久的。由于引起便秘的原因很多，也很复杂，因此，一旦发生便秘，尤其是比较严重的、持续时间较长的便秘，这样的患者应及时到医院检查，查找引起便秘的原因，以免延误原发病的诊治，并能及时、正确、有效地解决便秘的痛苦，切勿滥用泻药。

便秘是排便次数明显减少，每 2 ~ 3 天或更长时间一次，无规律，粪质干硬，常伴有排便困难感的病理现象。有些正常人数天才排便一次，但无不适感，这种情况不属便秘。便秘可区分为急性与慢性两类。急性便秘由肠梗阻、肠麻痹、急性腹膜炎、脑血管意外等急性疾病引起；慢性便秘病因较复杂，一般可无明显症状。按发病部位分类，可分为两种：

1. 结肠性便秘。由于结肠内、外的机械性梗阻引起的便秘称之为机械性便秘。由于结肠蠕动功能减弱或丧失引起的便秘称之为无力性便秘。由于肠平滑肌痉挛引起的便秘称之为痉挛性便秘。

2. 直肠性便秘。由于直肠黏膜感受器敏感性减弱导致粪块在直肠堆积，见于直肠癌、肛周疾病等。

便秘是一件让人头疼的事情，治疗便秘其实有很多的方法，可以通过生活习惯上的调节，也可以通过药物的治疗，这里是一些常用办法的集锦，希望对便秘者有所帮助。

一、便秘食疗秘方

1. 每天清晨空腹时，饮用一杯冷盐开水（120 毫升左右）或蜂蜜水(用 60 ℃开水 100 毫升冲蜂蜜适量)。

2. 晚上睡觉前饮一杯酸牛奶。

3. 决明子 75 ~100 克，水煎当茶饮，每天数次。

4. 红薯叶 250 克左右，煮熟后，加冰糖适量进食，每天 1 ~2 次。

5. 核桃仁 60 克、黑芝麻 30 克共捣烂，每日早晚各服一匙，温开水送服。

6. 黑芝麻、核桃仁、柏子仁各 25 克，共捣烂，加适量蜂蜜调服，分早晚两次空腹服完。

7. 生白术 50 ~60 克，水煎服。病重者可倍量煎服，每天 1 剂。

二、便秘的预防

1. 饮食中必须有适量的纤维素。

2. 每天要吃一定量的蔬菜与水果，早晚空腹吃苹果一个或每餐前吃香蕉 1 ~3 个。

3. 主食不要过于精细，要适当吃些粗粮。

4. 晨起空腹饮一杯淡盐水或蜂蜜水，配合腹部按摩或转腰，让水在肠胃振动，加强通便作用。全天都应多饮凉开水以助润肠通便。

5. 进行适当的体力活动，加强体育锻炼，比如仰卧屈腿、深蹲起立、骑自行车等都能加强腹部的运动，促进胃肠蠕动，有助于促进排便。

6. 每晚睡前按摩腹部，养成定时排便的习惯。

7. 保持心情舒畅，生活要有规律。

发生了腹泻，怎么办？

正常人一般每日排便1次，个别人每日排便2～3次或每2～3日1次，粪便的性状正常，每日排出粪便的平均重量为150～200克，含水分为60%～75%。腹泻是一种常见症状，是指排便次数明显超过平日习惯的频率，粪质稀薄，水分增加，每日排便量超过200克，或含未消化食物或脓血、黏液。腹泻常伴有排便急迫感、肛门不适、失禁等症状。腹泻分急性和慢性两类。急性腹泻发病急剧，病程在2～3周之内。慢性腹泻指病程在两个月以上或间歇期在2～4周内的复发性腹泻。

腹泻是症状，根本治疗要针对病因。认识腹泻的发病机理有助于掌握治疗原则。

一、病因治疗

不言而喻，肠道感染引起的腹泻必需抗感染治疗，以针对病原体的抗菌治疗最为理想。复方新诺明、氟哌酸（诺氟沙星）、环丙氟哌酸（环丙沙星）、氟嗪酸（氧氟沙星）对菌痢、沙门菌或产毒性大肠埃希菌、螺杆菌感染有效，甲硝唑对溶组织阿米巴、梨形鞭毛虫感染有效，因此，这数种药物常用于急性感染性腹泻，包括预防和治疗所谓的旅行者腹泻。

病因治疗是主要的，凡病因不明者，尽管经对症治疗后症状已有好转，绝不可放松或取消应有的检查步骤，对尚未排除恶性疾病的病例尤其如此。

二、对症治疗

选择药物时，应避免成瘾性药物，必要时也只能短暂使用。

1. 止泻药。常用的有活性炭、鞣酸蛋白、次碳酸铋、氢氧化铝凝胶等，日服3～4次。药效较强的复方樟脑酊（3～5毫升）和可待因（0.03克），每日2～3次。因久用可成瘾，故只短期适用于腹泻过频的病例。复方苯乙哌酊（每片含苯乙哌啶2.5毫克和阿托品0.025毫克），每次1～2片，每天2～4次，此药有加强中枢抑制的作用，不宜与巴比妥类、阿片类药物合用。氯苯哌酰胺（咯派丁胺）的药效较复方苯乙哌啶更强且持久，不含阿托品，较少中枢反应。初服4毫克，以后调整剂量至大便次数减至每天1～2次，日量不宜超过8毫克。培菲康可调节肠道功能。

2. 解痉止痛剂。可选用阿托品、普鲁本辛、山莨菪碱、普鲁卡因等药。

3. 镇静药。可选用安定、利眠宁、苯巴比妥类药物。

4. 调节肠道植物神经紊乱药。可选解郁抗虑胶囊等药物。

三、蒙脱石散治疗

抗生素、微生态、中成药等方法的治疗都会或多或少的具有毒性，可能伤害到肠道内的健康菌群。而新型治疗药物蒙脱石散，可以利用蒙脱石的层纹状结构及非均匀性电荷分布，对消化道内的病毒、病菌及其产生的毒素有固定、持续的作用，对消化道黏膜有覆盖能力，并通过与黏液糖蛋白相互结合，从质和量两方面修复、提高黏膜屏障对攻击因子的防御功能。并且药物成分不进入血液循环系统，并连同所固定的供给因子随消化道自身蠕动排出体外，不改变正常的肠蠕动。可选择药物：司迈特蒙脱石散。

漂亮的脸上有痤疮，怎么办？

人们都希望有个光彩夺目的面容，可是到了青春期，面部常出现一些难以消除的小疙瘩——痤疮，这着实令人烦恼。要消除痤疮，我们应先了解痤疮的性质及其引发原因。

痤疮，中医称粉刺，俗称酒刺、青春痘、暗疮等。多见于青年人，尤其是男性，而女性生痤疮多时轻时重，常常与月经有明显关系。好发于面部、颈、胸部、上背部、臀部等皮脂腺较多的部位。青春期由于雄性激素的刺激，皮脂分泌增多；毛束皮脂腺管口角化、栓塞，皮脂淤积于毛束内；食用过多的脂类及糖类食物；便秘、消化不良、精神因素、遗传因素以及化学物质的刺激、长期服用皮质类固醇等，都可成为致病因素。近年来研究证明，痤疮的发生与免疫系统也有一定的关系。

痤疮应注意防护，在家里应该采取的护肤措施如下：

1. 清洁皮肤。针对患者皮肤油腻的特点，采取晨起和睡前交替使用中性偏碱香皂（如力士、夏士莲香皂）和仅适合油性皮肤使用的洗面奶洗脸，并用双手指腹顺皮纹方向轻轻按摩 3 ~5 分钟，以增强香皂和洗面奶的去污力，然后用温水或温热水洗干净，彻底清除当天皮肤上的灰尘、油垢。若遇面部尘埃、油脂较多，应及时用温水冲洗。一般洗脸次数以每日 2 ~3 次为宜。

2. 疏通毛孔。当面部出现粉刺时，打一盆热水，把经洗面奶或细砂磨砂膏净面后的脸置于升腾的蒸汽中，而后用大毛巾包裹面部 3 分钟，促使毛孔打开，再用事先以 75% 酒精棉球消毒过的医用注射针头（5 ~7 号）的针帽或粉刺器柔和地挤压粉刺边缘的皮肤，即可将粉刺挤出来。此法不易损害附近皮肤，不致留下疤痕。

3. 避免使用油性或粉质化妆品，酌情使用水质护肤品，尤忌浓妆。睡前应彻底清除当天的化妆品，并避免睡前涂抹营养霜、药膏等，使夜间的皮肤轻松、畅通、充分呼吸。

4. 避免用手经常触摸已长出的粉刺或用头发及粉底霜极力掩盖皮疹，尤其要克服用手乱挤乱压粉刺的不良习惯，因为手上的细菌和头发上的脏物极易感染皮肤，加重粉刺，而乱挤乱压可致永久的凹陷性疤痕，留下终身遗憾。

5. 饮食上少吃脂肪、高糖、辛辣、油煎的食品及白酒、咖啡等刺激性饮料，多吃蔬菜、水果、多饮开水。

6. 坚持多做一些室内的大幅度运动，以加快血液循环，促使体内的废物及时排出体外，使皮肤在不断的出汗过程中保持毛孔通畅，随后及时加以清洗。

7. 保持精神愉快，对痤疮的治疗十分有益。长了痤疮，心里不要产生负担，以免引起神经内分泌紊乱，使痤疮加重。如觉得自己脸上的粉刺并不碍事，也不一定要用药，可等其自然消退，因粉刺消退后一般不会留下任何痕迹。若一味胡抠乱涂，倒会留下令人不悦的坑坑洼洼。但痤疮较重者，应到医院皮肤科诊治，不要盲目用药。

患了脚气很烦恼，怎么办？

脚气是一种极常见的真菌感染性皮肤病。成人中70%～80%的人有脚气，只是轻重不同而已。常在夏季加重，冬季减轻，也有人终年不愈。

脚气是足癣的俗名。有的人把“脚气”和“脚气病”混为一谈，这是不对的。医学上的“脚气病”是因维生素B缺乏引起的全身性疾病，而“脚气”则是由真菌（又称毒菌）感染所引起的一种常见的皮肤病。洗脚盆及擦脚毛巾应分别使用，以免传染他人。足癣如不及时治疗，有时可传染至其他部位，如引起手癣和甲癣等，有时因为痒被抓破，继发细菌感染，会引起严重的并发症。

那么，怎样预防脚气呢？

1. 要保持脚的清洁干燥，汗脚要治疗。勤换鞋袜，趾缝紧密的人可用草纸夹在中间，以吸水通气。鞋子要通气良好。

2. 不要用别人的拖鞋、浴巾、擦布等，不要在澡堂、游泳池旁的污水中行走。

3. 公用澡堂、游泳池要做到污水经常处理，用漂白粉或氯亚明消毒，要形成制度，以防相互传染脚气。

如果你不小心染上了脚气，那也不要苦恼，试试以下方法：

一、家庭用药

1. 糜烂型脚气：先用1∶5 000的高锰酸钾溶液或0.1%雷佛奴尔溶液浸泡，然后外涂龙胆紫或脚气粉，每日2次，待收干后再外搽脚气灵或癣敌药膏，每日2次。

2. 水疱型脚气：每日用热水泡脚后外搽克霉唑癣药水或复方水杨酸酊剂一次。皮干后再搽脚气灵或癣敌膏。

3. 角化型脚气：可外用复方苯甲酸膏或与复方水杨酸酒精交替外用，早晚各一次。最好涂药后用塑料薄膜包扎，使药物浸入厚皮，便于厚皮剥脱。

二、中药及偏方

1. 枯矾、黄柏、五倍子、乌贼骨，任选一种研末备用，洗净脚后撒于患处。适用于糜烂型脚气。

2. 苦参、白藓皮、马齿苋、车前草各30克，苍术、黄柏各15克，每日煎洗1~2次。对水疱型脚气或有感染时应用有良好效果。

3. 白凤仙花30克，皂角30克，花椒15克，任选一种，放入半斤醋，浸泡一天后，于每晚临睡前泡脚20分钟。连续治疗7天，对角化型脚气有良效。

三、治疗脚气注意事项

1. 脚气是一种传染性皮肤病，应避免搔抓，如不及时治疗，有时可感染其他部位，如引起手癣和甲癣等，有时因为痒被抓破，继发细菌感染，会引起严重的并发症。洗脚盆及擦脚毛巾应分别使用，以免传染他人。

2. 用药治疗的同时，对病人穿的鞋袜要进行消毒处理。可用日光曝晒或开水烫洗，最好用布块蘸 10% 福尔马林液塞入鞋中，装入塑料袋封存 48 小时，以达到灭菌目的。

3. 要坚持用药。足癣是一种慢性感染，真菌寄生角质层中生长繁殖，需长期用药才能杀死它。

4. 不要乱用药。脚气用药最关键的是应分类型进行连贯正规的治疗。有人用肤轻松等皮质类固醇药膏来治疗足癣，结果越治越扩展；有人将阿司匹林片压碎撒在糜烂的足趾间，结果形成一个溃疡，长期疼痛不愈。很多人在皮肤形成红痒斑块时外用皮炎平软膏是一个误区，皮炎平软膏中有大量的激素成分，而这正好是真菌的营养剂，所以在肯定是癣的情况下搽皮炎平，只会越搽越厉害。

5. 用药要根据病变的具体情况。破溃处不能用酊剂，皮肤变厚、裂口处应该用软膏。破烂出水时应该到医院，由医生按照具体情况进行适当的治疗。

6. 足癣发生继发感染时，局部出现急性炎症，就不能按一般足癣来治疗，应该先处理继发感染。如有红肿，局部可外用硼酸水或呋喃西林液冷温敷可消炎消肿，必要时还要全身使用抗生素，并按照医生嘱咐适当休息。

皮肤过敏了，怎么办？

每逢气候转换、温差悬殊大或温热潮湿的季节，许多人常会发生皮肤过敏的现象。由于种种环境因素，空气中散布的细菌孢子和花粉等致敏物质便会大量释放出几乎遍布人体所有组织的化合物——组织胺，引起鼻塞、打喷嚏、流涕、喉咙发痒、眼皮肿胀等现象，致使某些人出现全身皮肤奇痒、起疹块和鳞屑，脱皮，面部红白不一、斑驳陆离等过敏症。

过敏症是一种文明病。医学上把过敏（变应性）分为4种不同的种类，并以罗马数字Ⅰ至Ⅳ来命名。其中最常见的是Ⅰ型和Ⅳ型。Ⅰ型有时也被称为“特应性”或者“速发型变应性”。例如，人体在被昆虫蜇伤后几秒钟就会作出反应，动物毛发过敏和花粉过敏在几分钟内就有反应，食物过敏的时间则在30分钟以内。与此相反，Ⅳ型过敏的反应则要慢得多，症状要在一天或者几天之后才会出现。例如装饰物过敏和许多类型的职业过敏等。因此，人们把其称为“迟发型变应性”。

对于皮肤过敏，临床多采用抗组织胺类药物治疗。其虽能抑制组织胺释放量，但作用也很有限，对许多过敏症状不起效用，而且还有副作用。有些抗组织胺剂会令人昏昏欲睡和头脑迟钝。过敏症研究专家认为，最有效的措施是寻找出过敏诱发因子，避免再接触这种物质。但要在两万种不同的诱发因子中准确地找到致病的因子，不是件容易的事情。为检测一种物质的致敏反应，医生需要做各种不同的皮肤测试，费时费事。更因为许多致敏物质是不可以完全避免的，比如药物和昆虫等防不胜防。所以，过敏性皮肤的人想拥有完美的皮肤，主要应从日常精心呵护肌肤做起，设法降低皮肤的致敏性，随着日月的推移，人近中年后发病率会逐渐降低。当然，必要时可采用脱敏治疗法。具体来讲：

一、做好皮肤日常护理

皮肤过敏症患者多知道化妆品不能乱用，许多化妆品是致敏原之一。因此，有些过敏症患者就停用了化妆品。这种做法是消极的，恰当地使用化妆品进行必要的皮肤护理，可以增强皮肤对致敏原的抵抗力。过敏症患者可借助美容院的正规皮肤测试，判断、了解自己的皮肤状况，找出皮肤问题的原因，对症选择合适的化妆品。也可选用抗过敏精华素，做消除敏感的面膜，以降低皮肤对外界的直接反应，强健敏感的细胞膜，以调节和减轻皮肤的敏感，增强皮肤的抵抗力。在气温偏暖季节，过敏症患者常以为外界气温较暖，皮脂腺分泌功能旺盛，而放弃对皮肤的保养，以防皮肤过敏。或是过多地使用洗面奶及去脂力强的洁肤用品，这容易破坏皮脂膜而降低皮肤抵抗力，引发皮肤过敏。许多人皮肤过敏后，又停止了护理保养，致使皮肤水分不足，容易起皱，导致恶性循环。因此，无论寒暑春秋，过敏症患者都要十分小心地护理皮肤，除了保持每天三次温水洗脸外，还要用些特效疗肤水、疗肤霜爽肤、润肤，持之以恒。另外，应保持充足的睡眠和必不可少的运动锻炼，并保持心情舒畅。

二、采用饮食调理法

过敏症患者要注意饮食营养的均衡，少食用油腻、甜食及刺激性食物、烟、酒等。某些食物也是致敏原，要注意加以辨别。多吃维生素丰富的食物，可以增强机体免疫能力。过敏症患者可以多吃一些具有抗过敏功能的食物，加强皮肤的防御能力。根据营养学家的研究，洋葱和大蒜等含有抗炎化合物，可防止过敏症的发病。另有多种蔬菜和水果也可抵抗过敏症，其中椰菜和柑橘功效特别显著。因为其中含有丰富的维生素C，而维生素C正是天然抗组织胺剂，若每天从饮食中摄取1000毫克，就足以防止过敏症的出现。过敏性体质的人血液中游离氨基酸比健康人少，若能增加血液中的游离氨基酸，过敏症的发病率将大大降低。豆浆中这种物质含量最丰富，过敏性体质者最好每天喝些豆浆。

三、采用脱敏治疗法

对某些症状严重的患者，可求助于医学手段，改变过敏性体质。医生在这种疗法中要用化学方法改变患者血清，使其稀释。向皮下注射改变了的致敏原和乳类、花粉等物质制成的抗原浸液，并逐渐增加致敏原的浓度，以调整人体免疫系统，使过敏者体内产生对过敏物质的抵抗力，从而有效地防止过敏。

怎样正确处理各类伤口？

正确处理伤口，可使伤口迅速愈合，避免局部感染、化脓和并发全身性疾病。因此，掌握一些处理伤口的知识是十分必要的。

这里说的“伤口”，是专指外伤所造成的伤口。外伤所致的伤口可以是两种形式：表面皮肤、黏膜没有破裂（闭合性伤）；表面皮肤、黏膜有破裂（开放性伤）。如果仅是表面皮肤、黏膜破损，由于没有什么明显的症状，伤者常不以为意。但事实上，皮肤、黏膜的破损已使机体正常的防线出现了缺口。

众所周知，许多足以威胁人类健康和性命的致病微生物和毒物，在人体的皮肤、黏膜完整时，是不能通过皮肤、黏膜侵入人体为害的。例如，麻风病病菌、艾滋病病毒、破伤风病毒……都不可能超越正常的皮肤、黏膜屏障；就连几分钟内可致人死地的蛇毒，对完好的皮肤、黏膜也发挥不了毒性作用。

然而，一个小小的伤口，就足以使上述那些危害人体健康、威胁生命安全的微生物进入体内。大家都熟知的白求恩大夫，在抢救伤员时划破了手指，但他为了抢时间救治伤员，没有及时处理自己受伤的指头，结果细菌就从那小小的伤口侵入他的体内，最终导致他不幸逝世。因此，针对不同的伤口，要采取不同的方法。

一、表浅擦裂伤，亦须防感染

对于皮肤表浅的切割伤和机械性摩擦伤来说，最简便、有效的消毒药就是碘酊（亦叫碘酒）。2%碘酊是一种十分有效的外用消毒药，它不会腐蚀伤口，用它涂抹伤口时所引起的疼痛是非常短暂的；它对防治伤口化脓感染、真菌感染和病毒感染，都有显著的作用。

通常可先用凉开水或生理盐水等清洁的水，冲洗伤口局部，再涂以2%的碘酊，或直接用2%碘酊涂抹伤口。然后用消毒敷料包扎伤口或暴露伤口，48小时内避免沾水。如果没有碘酊，也可以涂抹红汞或酒精。但红汞与碘酊不能同时使用，以免中毒。“风油精”、“酱油”等并无消毒效果，而“云南白药”、“三七”等中成药也不能消毒。

二、伤口小又深，要敞开暴露

由尖而长的东西刺入人体组织所造成的“刺伤”，其伤口多数小而深。由于这种伤口深而外口较小，伤口内有坏死组织或血块充塞，是最容易感染破伤风厌氧性芽胞杆菌的，也最有利于形成这些杆菌生长繁殖、产生毒素的“缺氧的环境”。

故对待诸如锈钉刺伤的伤口，除对伤口周围的皮肤用碘酊进行消毒外，应用3%过氧化氢（双氧水）或1‰高锰酸钾溶液对伤口进行反复冲洗或湿敷，并彻底清除伤口内的异物。

此外，这类伤口不能缝合、包扎，应把创口敞开，充分暴露，从而祛除坏伤风厌氧性芽胞杆菌生长繁殖的环境。要知道，正确处理伤口，是预防破伤风发生的关键步骤。

在伤后24小时内，皮下或肌肉注射破伤风抗毒素（TAT）1500单位（小孩和成人用量一样，注射前作过敏试验，阳性者采用脱敏法注射），是预防破伤风感染的重要补救措施。

有时候，伤口虽然不深但污染严重，或有皮片覆盖的，也必须做好伤口的清创，不缝合、不包扎伤口。

对于伤口污染严重或在受伤24小时以后，才注射破伤风抗毒素的，则破伤风抗毒素需要用加倍的剂量。预防破伤风的最可靠方法，是在平时注射破伤风类毒素，使人体产生抗体。一般注射3次，有效期可保持10年。

三、动物抓咬伤，预防毒扩散

狂犬病一旦发病，则百分百死亡。所以，被猫、狗抓咬伤后，应立即用大量的肥皂水或淡盐水或清水，反复冲洗伤口；冲洗时间一般要达半小时以上，以尽量减少病毒的侵入。冲洗后可用2%的碘酒以及75%酒精涂抹伤口，但不要包扎，并及早带伤者去注射狂犬病疫苗；此外，必须按规定注射5次。当狂犬病从潜伏期转入前驱期时，再注射狂犬病疫苗就没有效果了。

如被毒蛇咬伤，伤口可能只有几个“牙痕”，但蛇毒已经被注入伤口内。此时必须迅速用止血带或手帕、绳索、布条等，在伤口近心端（指离心脏最近的一侧）5~10厘米处进行绑扎，防止毒素扩散和吸收（但必须每隔30分钟，放松绑扎2~3分钟，以防肢体坏死）。

绑扎后，一是用清水、肥皂水等，冲洗伤口及周围皮肤（有条件时可用双氧水、1‰高锰酸钾溶液冲洗）；二是用小刀按毒牙痕方向，纵切或十字切开皮肤（不要太深，切至皮下即可），以便于排出毒液，如有毒牙残留要挑去毒牙；三是在伤口处用吸奶器、拔火罐吸出毒液（如口唇的黏膜无破损，也可用口吸吮伤口，边吸边吐，再用清水漱口）。必要时还可用火柴直接烧灼伤口，破坏蛇毒。经过紧急处理伤口后迅速到医院，进行抗蛇毒血清等治疗。

四、伤口内异物，应分别对待

异物残留伤口内易致化脓感染。对于伤口内的异物，一般是先将伤口消毒干净，用消毒过的针及镊子，将异物取出，再消毒、包扎伤口。但自己在家中处理伤口时，对伤口内的异物则要谨慎分别对待。

不慎崴脚了，怎么办？

崴脚，是人们在生活中经常遇到的事情，医学上称做“足踝扭伤”。这种外伤是外力使足踝部超过其最大活动范围，令关节周围的肌肉、韧带甚至关节囊被拉扯撕裂，出现疼痛、肿胀和跛行的一种损伤。

由于正常踝关节内翻的角度比外翻的角度要大得多，所以崴脚的时候，一般都是脚向内扭翻，受伤的部位在外踝部。不少人是先使劲揉搓疼痛的地方，接着用热水洗脚，活血消肿，最后强忍着疼痛走路、活动，为的是防止“存住筋”。但实践证明，这样处置崴伤的脚是不妥当的。

因为局部的小血管破裂出血与渗出的组织液在一起会形成血肿，一般要经过24小时左右才能修复，停止出血和渗液。如果受伤后立即使劲揉搓，热敷洗烫，强迫活动，势必会在揉散一部分淤血的同时加速出血和渗液，甚至加重血管的破裂，以致形成更大的血肿，使受伤部位肿上加肿，痛上加痛。人们常说的“存住筋”，实际是损伤以后软组织发生粘连，影响了功能活动。这种情况一般出现在损伤的中后期。所以，受伤后几天内的活动受限，一般都是因为疼痛使活动受限，而不是粘连所致的“存住筋”。

那么，崴脚以后怎样处置才正确呢？

一、分辨伤势轻重

轻度崴脚只是软组织的损伤，稍重的就可能是外踝或者第五跖骨基底骨折，再重的还可能是内、外踝的双踝骨折，甚至造成三踝骨折。轻的可以自己处置，重的就必须到医院请医生诊断和治疗。所以，分辨伤势的轻重非常重要。

一般来说，如果自己活动足踝时不是剧烈疼痛，还可以勉强持重站立，勉强走路，疼的地方不是在骨头上而是筋肉上的话，大多是扭伤，可以自己处置。如果自己活动足踝时有剧痛，不能持重站立和挪步，疼的地方在骨头上，或扭伤时感觉脚里面发出声音，伤后迅速出现肿胀，尤其是压痛点在外踝或外脚面中间高突的骨头上，那是伤重的表现，应马上到医院去诊治。假如限于条件一时去不了医院，也可以暂时按照下列办法处置，然后尽快到医院诊断治疗。

二、正确使用热敷和冷敷

热敷和冷敷都是物理疗法，作用却截然不同。血得热而活，得寒则凝。所以，在破裂的血管仍然出血的时候要冷敷，以控制伤势发展。待出血停止以后方可热敷，以消散伤处周围的淤血。

细心的同学一定要问，怎么才能知道出血停止了没有呢？原则上是以伤后24小时为界限，还可以参考下面几点：一是疼痛和肿胀趋于稳定，不再继续加重；二是抬高和放低患脚时胀的感觉差别不大；三是伤处皮肤的温度由略微高于正常部分变成相当差不多，这些都可作为出血停止的依据。

三、适当活动

在伤后肿胀和疼痛进行性发展的时候，不要支撑体重站立或走动，最好抬高患肢限制任何活动。待病情趋于稳定时，可抬高患肢进行足踝部的主动活动，但是禁做可以引起剧痛方向的活动。等到肿胀和疼痛逐渐减轻时，再下地走动，时间宜先短一些，待适应以后慢慢增加。

四、正确按揉

在出血停止前，以在血肿处做持续的按揉为宜，方法是用手掌大鱼际（手掌正面拇指根部，下至掌跟，伸开手掌时明显突起的部位）按在局部，压力以虽疼尚能忍受为宜。时间是持续按压2～3分钟，再缓缓松开，稍停片刻再重复操作。每重复5次为一个阶段，每天做3～4个阶段较合适。出血停止之后做揉法，用大鱼际或拇指指腹对局部施加一定压力并揉动，方向是以肿胀明显处为中心，离心性地向周围各个方向按揉，每次做2～3分钟，每天做3～5次。

五、合理用药

出血停止以前，不宜内服或外敷活血药物，可用“好得快”喷洒伤处，内服云南白药。出血停止以后，则宜外敷五虎丹，内服跌打丸、活血止痛散等。后期可用中草药熏洗。如果手边没有中成药，也可以把面粉炒黄，用米醋调和敷在患处来代替五虎丹，效果也比较理想。用一小撮花椒、一小把盐煮水熏洗代替中草药效果也不错。

嘴唇变得干裂，怎么办？

人的嘴唇周围一圈发红的区域叫“唇红缘”，它的湿润全靠局部丰富的毛细血管和少量发育不全的皮脂腺来维持。由于秋季湿度小、风沙大，人体皮肤黏膜血液循环差，如果新鲜蔬菜吃得少，人体维生素 B_2、维生素 A 摄入量不足，就会干燥开裂。秋冬季干燥多风，很多人都会觉得嘴唇发干，出现皲裂，因而就会不自觉地舔唇，但结果常常适得其反，嘴唇的干燥症状反而加重，甚至导致唇部肿胀、结血痂。其实，以上这些症状都是慢性唇炎的典型临床表现。

慢性唇炎是唇部慢性、非特异性的炎症性病变，多由各种长期、持续的刺激导致，如干燥、寒冷，尤其是与舔唇及咬唇等不良习惯有关。当用舌头舔嘴唇时，由于外界空气干燥，唾液带来的水分不仅会很快蒸发，还会带走唇部本来就很少的水分，造成越干越舔、越舔越干的恶性循环，严重的甚至会使嘴角处的皮肤出现色素沉淀。

此外，秋天时，嘴唇还容易结痂，这也和舔唇这一坏习惯有关。由于唾液里含有多种消化酶，嘴唇上的唾液蒸发后，这些大分子的蛋白质会残留在嘴唇上，与唇部脱落的细胞一同形成痂皮。由于痂皮下方的组织不完整，如果强行撕去，就会造成更多的局部渗出，从而形成更多的痂皮。

其实，嘴唇干裂是秋冬季节的常见症状，可以从调整饮食和日常习惯上来防治：第一，多吃新鲜蔬菜，如黄豆芽、油菜、白菜、白萝卜等，以增加B族维生素的摄取；第二，及时补充足量水分，充足的饮水量，对于人体机能的均衡有很大帮助，能有效防止嘴唇干裂；第三，无论男女，都应使用护唇膏来呵护双唇（尽量选择添加刺激性成分少的无色唇膏），过敏体质的人，用棉签将香油或蜂蜜涂抹到嘴唇上，也能起到很好的保湿作用；第四，尽量避免风吹日晒等外界刺激，可以采取戴口罩的办法来防护；第五，纠正舔唇、咬唇等不良习惯。如果唇部的皲裂、结痂症状长期不愈，应及时到医院就诊，尽早查清病因，对症治疗。

冬天冻伤了皮肤，怎么办？

冻伤是一种由寒冷所致的末梢部局限性炎症性皮肤病，是一种冬季常见病，以暴露部位出现充血性水肿红斑，遇高温时皮肤瘙痒为特征，严重者可能会出现患处皮肤糜烂、溃疡等现象。冻伤可分为局部或全身冻僵，多因寒冷、潮湿，衣物及鞋带过紧所致，常发生于皮肤及手、足、指、趾、耳、鼻等处。该病病程较长，冬季还会反复发作，不易根治。对于一些女同学而言，不仅影响了双手的美观度，还给生活带来了极大的不便。在治疗方面，虽方法较多，但很少能根治，所以常令人感到棘手。

一、冻伤的治疗

冻伤分四度：一度冻伤最轻，亦即常见的“冻疮”，受损在表皮层，受冻部位皮肤红肿充血，自觉热、痒、灼痛，症状在数日后消失，愈后除有表皮脱落外，不留瘢痕；二度冻伤伤及真皮浅层，伤后除红肿外，还有水泡，泡内可为血性液，深部可出现水肿、剧痛，皮肤感觉迟钝；三度冻伤伤及皮肤全层，出现黑色或紫褐色皮肤，痛感丧失，伤后不易愈合，除遗有瘢痕外，还会长期感觉过敏或疼痛；四度冻伤伤及皮肤、皮下组织、肌肉甚至骨头，可出现坏死，感觉丧失，愈后会有瘢痕形成。

治疗时首先须脱离寒冷环境，除去潮湿衣物，置身于温水中逐渐复温，对全身严重冻伤必要时可进行人工呼吸，增强心脏功能。对冻疮除复温、按摩外，还可用酒精、辣椒水涂擦，效果较好，或用5%樟脑酒精、各种冻疮膏涂抹，有一定疗效。二度冻疮如伴有水泡，可用消毒针穿刺抽出液体，再涂抹冻疮膏。三、四度冻伤则须在保暖的条件下抢救治疗。

常用药品有外用：冻疮膏、消毒棉垫、纱布、绷带。内服：感冒冲剂、姜糖水、去痛片、安定。

二、防冻用水

很多人冬天早晚洗脸不敢用冷水，有人没有热水宁愿不洗。其实冬天用热水洗脸舒服倒是舒服，但对健康不利。因为脸上的皮肤毛孔遇热水舒张后，很快又遇冷空气紧缩，如果频繁受这样的刺激，皮肤很容易产生皱纹。而在晨起或午休之后，用冷水浸过的毛巾湿润脸部，可使人顿时产生一种头清眼明的感觉，精神也为之振奋。在洗冷水脸的过程中，冷水的刺激既可改善面部的血液循环，又可改善皮肤组织的营养结构，增强皮肤的弹性，消除或减轻面部皱纹。冷水洗脸的保健作用在于锻炼人的耐寒能力，预防感冒、鼻炎，对神经衰弱的神经性头痛患者也有益处。

睡前洗个热水脚，既干净卫生，又解除疲劳，还能起到防病、治病的作用。脚在人体最下部，属于人体末端，在热水的浸泡下，血管扩张，局部的血液流动加快，从而增加了下肢营养的供应。所以冬季坚持用热水洗脚，对冻疮有一定的预防作用。患有失眠症和足部静脉曲张的人，每晚用热水洗脚，能减轻症状，易于入睡。当然，洗脚水也不能太烫，冬季以不超过45 ℃为宜。

三、防冻饮食

多吃主食，适当吃点羊肉、鹌鹑和海参。狗肉、牛肉、鸡肉、鹿肉、虾、鸽等食物中富含蛋白质及脂肪，产热量多。

补充富含钙和铁的食物可提高机体的御寒能力。含钙的食物主要包括牛奶、豆制品、海带、紫菜、贝壳、牡蛎、沙丁鱼、虾等；含铁的食物则主要为动物血、蛋黄、猪肝、黄豆、芝麻、黑木耳和红枣等。

含碘的食物可以促进甲状腺素分泌，产生热量。比如海带、紫菜、海蜇、菠菜、大白菜、玉米等。动物肝脏、胡萝卜可增加抗寒能力。芝麻、葵花子能提供人体耐寒的必要元素。

四、运动驱寒

冬季坚持锻炼，能提高大脑皮层的兴奋性，增强中枢神经的体温调节功能，使身体与寒冷的气候环境取得平衡，适应寒冷的刺激，有效地改善机体抗寒能力。冬日锻炼前，一定要做好充分准备活动，运动量应由小到大，不要做过于剧烈的运动，避免大汗淋漓。

对于不爱运动、不能坚持锻炼的人，有一种不受场地限制、随时可做的活动也能使身体暖和。比如搓手，搓手的时间可长可短，只要两只手闲下来的时候就可以做，时间稍长，两只手就会感到暖烘烘的。

另外，当气温降到零下 10 ℃时，有些人的耳朵就要长冻疮。预防耳冻疮，除注意耳部保暖外，经常用手把耳朵搓至发热也是很好的办法。

现在由于生活条件的提高，几乎没有冻伤病人了，即使有也是冻疮。对冻疮的主要预防措施一是要注意保暖，二是要注意局部血液循环。如果发生了冻疮，不要用热水烫患处，要用温水清洗。可以用红外线等一些物理疗法治疗，也可以用些药物来促进血液循环。

被动物抓伤、咬伤，怎么办？

狂犬病又称恐水症，是由狂犬病毒感染人引起的人狂犬病，表现为急性、进行性、几乎不可逆转的脑脊髓炎，临床出现为特有的恐水、怕风、兴奋、咽肌痉挛、流涎、进行性瘫痪，最后因呼吸、循环衰竭而死亡。

狂犬病是迄今为止人类病死率最高的急性传染病，一旦发病，病死率高达100%。全球有87个国家和地区有狂犬病发生，但主要分布在亚洲、非洲和拉丁美洲等发展中国家，其中98%在亚洲，中国的发病人数仅次于印度，居世界第二位。

野生动物是狂犬病病毒的主要宿主。患狂犬病的狗是人感染狂犬病的主要传染源，其次是猫，野生动物中的狼、狐狸等也能传播该病。外貌健康而携带病毒的狗等动物也可起传染源的作用，感染人类。人被带毒的狗或其他动物咬伤后，视咬伤的部位及伤口的深浅、大小而潜伏期有所不同。咬伤部位在颈部以上且伤口又重者，潜伏期可短至数日，咬伤四肢远端伤口轻者，潜伏期较长，可至几年、十几年。

狂犬病的预防主要包括控制传染源、切断传播途径和接种疫苗等几个步骤。

控制传染源主要是家养狗免疫、消灭流浪狗以及对可疑病狗和猫的捕杀。对家养犬进行登记，给予预防接种；对狂犬、狂猫应立即击毙，以免伤人；咬过人的家狗、家猫等应设法捕获隔离10天；病死动物应焚烧或深埋，不可剥皮食肉。

一旦被动物咬伤或抓伤，一定要尽快正确清洗伤口和应用狂犬病免疫制剂，防止发病。首先应该立刻对伤口进行挤压或者在伤口附近系止血带，使含有病毒的血流出。紧接着伤口必须用肥皂水或清洁剂全面冲洗，例如用20%的肥皂水彻底地冲洗伤口，再用大量凉开水反复冲洗至少半小时。冲洗的目的是破坏伤口处的病毒，防止其增殖和穿入周围神经。冲洗后必须用酒精棉、碘酊或0.1%季胺盐溶液（伤口无残留肥皂水时方可使用，因为这两种物质相互中和）消毒。

条件理想时，伤口应暴露24~48小时，防止病毒穿入神经纤维。如果有免疫血清，可注入伤口底部及周围。伤口缝合或包扎应尽量避免，如果必须缝合，最好在疫苗接种同时给予特异性抗血清。

按照国际上的惯例，一般被狗咬伤后，10 天内如果狗没有发狂犬病，人可以基本排除自己得狂犬病的可能。其次，“春天来了，狗要发情，容易咬人”的说法是误区，狗咬人的高发时间一般在夏天和秋天。还有很多小孩被狗咬后，并不告诉父母，这点应引起父母重视。此外，很多人被狗咬后第一想到的是打疫苗，但在此之前应先对伤口进行充分清洗。

突然流鼻血了，怎么办？

流鼻血的原因很多，但是约有一半人找不出原因。鼻腔黏膜中的微细血管分布很密，是很敏感且脆弱的，容易破裂而致出血。流鼻血，医学称“鼻衄”，多由于“肺燥血热”，引起鼻腔干燥，毛细血管韧度不够破裂所致。如不及时治疗，迁延发展，将会产生严重的后果，如鼻黏膜萎缩、贫血、记忆力减退、视力不佳、免疫力下降，甚至会引起缺血性休克，危及生命。

中医认为流鼻血是由于人的气血上逆导致的。鼻属于肺窍，鼻子出现病症，一般来说，与肺和肝等部位出现异常有着很大的关系。当人的气血上升，特别是肺气较热时，人就会流鼻血。肺气过热时，人的眼底也会带血或出血。上火和流鼻血的原因是一样的，都是气血上逆导致的结果，但上火不是导致鼻子出血的原因。

当鼻腔过于干燥时，里面的毛细血管就会破裂，导致流血。从临床上来看，90% 的流鼻血现象都属于血管破裂导致的血管性流血。对此，患者不用太紧张，大多数情况下可以自行处理，及时止血即可。

年轻人流鼻血还与劳累、运动等有关。特别是年轻人爱运动，经常是在运动时，鼻子突然就流起血来。此外，流鼻血也可能因遇事不够淡定，头部供血迅速增加，而鼻腔内部有丰富的毛细血管，在血流增加的情况下容易破裂，从而造成鼻血。一般情况下，这些出血症状，患者自行止血即可。当然，也有可能是因为其他一些严重疾病而引发流鼻血，如肾病、尿毒症、高血压、脑溢血前兆、血友病等疾病。如果多次或长时间流鼻血，应及时就诊。因此，毫无征兆，突然流鼻血者最好去医院做一下检查，及早排除鼻腔肿瘤之类的病变。

一般情况下，鼻腔血管破裂性流血并不需要特别治疗。既然鼻子出血与肺热有关系，人就应该在饮食、生活上尽量避免导致肺热的情形发生。要少喝酒，少吃辛辣的食物，少吃一切可能生热的食物。相反，可以多吃一些如苦瓜、绿豆汤、西瓜、冷饮等清热降火的食物。

为什么在冬天流鼻血特别严重？这主要是，在寒冷的天气下，我们喜欢吃一些热腾腾的食物，在进食时，阵阵的热气会令鼻腔内的血液加速运行，若鼻黏膜天生较薄或曾经受伤，则容易流鼻血。此外，在寒冷干燥的环境下，我们需要更多血液流经鼻腔，以提高温度和湿度，鼻黏膜的微细血管因而容易充血，导致流鼻血。

从中医学的角度来说，流鼻血的成因可分为燥热及虚弱两类。如果你除经常流鼻血外，还患有鼻敏感，流出黄色或绿色的鼻涕，又或嘴唇经常殷红、有口气，便是很燥热。首先当然要清热，更重要的是平日不要吃过量香口的食物。零食如巧克力、曲奇饼、薯条等，亦非常燥热，应尽量少吃。

如果流鼻血了，怎么办呢？

1. 首先要尽力镇定自己的情绪，切勿慌乱，在止流之前应先将血块擤出，以免因伤口无法闭合而无法止血。

2. 头部应该保持正常直立或稍向前倾的姿势，使已流出的血液向鼻孔外排出，以免留在鼻腔内干扰到呼吸的气流。

3. 用手指由鼻子外面压迫出血侧的鼻前部（软鼻子处），就像一般以手夹鼻子的做法，直接压迫约5～10分钟。大部分病人都可以此种方法简单地来止血。而另一侧未流血的鼻孔仍可通畅地呼吸。

4. 如果压迫超过了10分钟后血仍未止，则可能代表着严重的出血，或有其他问题存在着，此时就需要送医做进一步的处置。

5. 左（右）鼻孔流血，举起右（左）手臂，数分钟后即可止血；左（右）鼻孔流血时，另一人用中指勾住患者的右（左）手中指根并用力弯曲，一般几十秒钟即可止血；或用布条扎住患者中指根，左（右）鼻孔流血扎右（左）手中指，鼻血止住后，解开布条。

6. “冰敷额头”的作用是希望借额头的皮肤遇冷时，能达到鼻部血管收缩以止血，但其效果并不好，因为距离出血的鼻孔部位太远，且局部过于冰冷会引起头部不适，所以正确的方法是可直接冰敷在“鼻根”及“鼻头”（即整个鼻子）上面。

吃东西不小心噎住了，怎么办？

有的同学吃东西时狼吞虎咽、慌里慌张，或吃东西时精神不集中，说笑打闹，这样是很容易噎住的。人在吃东西时到底为什么会噎住呢？原来吃下的食物经过咀嚼以后，被舌头推送到咽部。这里连接着口腔、鼻腔、喉腔和食道，只有把通往鼻腔和喉腔的通道大门关上，食物才能顺利地进入食道。怎么关门呢？在我们的喉部有一块会咽软骨，就像一扇门，在往下咽的时候这块软骨会抬高，同时咽喉的后壁向前突出，这样就关上了鼻咽的通道，食物不会吃到鼻腔里去。

大家都知道，如果不小心把食物吞进气管里，就会呛得很难受。平时呼吸的时候，会咽软骨在这个位置，喉咙通畅，往下咽东西的时候，声带往里收，喉头升高，往前紧贴住会咽软骨，这就封住了咽喉的通道，食物就不会进入气管了。如果边吃饭边说说笑笑，会咽软骨来不及盖住喉咙的入口，就可能有饭粒漏进气管，引起人剧烈的咳嗽。所以说如果噎住了，拍后背或者跳一跳的办法都是想把食物往下震，可是就算能震下去，食物也不会掉进胃里，而是顺着气管往下走，这是很危险的。

如果噎住了但还能说话，说明食物在食管里，轻微的状况下可喝点儿水冲一冲，也许就可以解决。但也要注意噎住自己的是什么食物。如果是糯米团这类黏性大的东西，水会堵住余下的空隙，加重窒息。如果是花生豆这类的干果卡住了喉咙，也不应该喝水，因为干果遇水会膨胀，卡得就更严实了。如果食物已进入气管，问题就更严重了，立即求助医生是最重要的，否则有可能引起呼吸困难、窒息，甚至危及生命。

那么，如果旁边的人吃东西噎住了，到底要怎样帮助他呢？给大家介绍一个操作简单的急救方法：在人的两肺下端残留着一部分气体，如果突然挤压一下腹部，增大了腹内压力，可以抬高膈肌，然后推挤胸腔，肺内残留气体的压力迅速加大，形成一股强气流，顺着气管冲向喉头，同时把阻塞住气管的食物挤了出去。这就是美国学者海姆里斯发明的急救法，操作简单，人人都能掌握。

当患者突然发生呼吸道异物导致窒息时，立即使其弯腰前倾，救助者立于患者背后，两手合拢抱住患者，其中一手握拳，在患者上腹部用力猛地向上提，借助胃泡内及肺内残留气体被挤出时产生的推力和患者上半部躯体倒悬时产生的对异物的重力，将气管内或卡在会咽部位的异物推出。连续6～10次就差不多了，要小心别伤着肋骨。

一个人的时候也可以采取自救，具体的方法是：站直了，抬起下巴，使气管变直。把心窝挤靠在东西上，可以是椅子背的顶端，或者是桌子的边缘，然后对着胸腔上方突然猛捶，噎住的食物就能咳出来了。

如果上述方法无法达到效果，那么要立刻将病人送往医院，请医生医治。总之，要想避免吃东西噎住的情况发生，最好在吃东西的时候，不要着急，要保持平和的状态，不打闹、不说笑，更不要往嘴里塞过多的食物。

眼睛进了异物，怎么办？

俗话说“眼里不容一粒沙”，眼睛里一旦进入异物，很是难受。行路中遇有刮风时，经常会有些细物吹入眼里，例如灰尖、砂粒、煤屑、碎玻璃、谷皮、飞虫以及铅笔木屑等，这些东西可以统称为异物，有的嵌在白眼球上，叫结膜异物，有的则嵌在黑眼球上，叫角膜异物。

眼睛的角膜（黑眼球）感觉十分敏感，当异物入眼时，立刻引起疼痛、流泪，睁不开眼。这时千万不要揉眼，因揉眼有时会擦伤角膜，甚至会将异物嵌在角膜内不易脱落，以致加重损伤，影响视力。又因手脏，可能将细菌带入眼内会引起发炎。切忌用指甲、火柴梗、铁丝等胡乱挑剔，以免造成更大的损伤和将病菌带入引起发炎。

当异物进入眼时的正确做法：

1. 应轻轻闭眼一会儿，不要转动眼球，或用手轻提上眼皮，一般附在表面的异物可随眼泪自行排出。

2. 若异物不能自行排出，仍有磨痛，异物可能在上眼皮里面的睑结膜上，可把眼皮翻过来找到异物，用湿棉棒或干净手绢轻轻擦掉，也可以用清洁的水冲洗，磨痛立刻消失；如果冲不出，可以求助周围的人帮你吹一下，具体做法是，对方用食指和拇指捏住你眼皮的外缘，轻轻向外推翻，找到异物，用嘴轻轻吹出。另外，磁性异物可用电磁铁吸出。

3. 酸碱腐蚀性物质如氨水、生石灰（水）、盐酸、硫酸等进入眼内时，应立即在现场找到水源如自来水、井水、河水，迅速冲洗眼睛 15 分钟以上。具体方法：将上眼皮尽量拉开，用水壶等倾注水流，使水柱直接流过眼球表面，一定要冲洗到眼球、眼皮内侧，决不可闭眼冲洗；或用脸盆盛满水，将面部直接浸入水中，连续做睁眼闭眼动作，或用力睁大眼睛，头部在水中左右轻轻摆动。冲洗完后，立即去医院急诊。

4. 若翻过眼皮仍未找到异物，或者异物可能是玻璃，就应该立即找医生解决了，此时要注意不可揉眼睛，更不要自己取，而是要用纱布覆盖眼膜即可，并且要抓紧时间。

需要注意的是：有时异物排出或取出后，眼睛仍感磨痛不适，好像还有异物，这是因为角膜上有伤，只要检查确实无异物，点些抗生素眼药水及眼药膏，很快就可恢复正常。

如果只是沙粒或小虫就比较简单，因为眼睛受到刺激会流眼泪，我们可以利用眼泪将异物冲出来，主要采取低头眨眼的方式即可。

鱼刺不小心刺入咽喉，怎么办？

日常生活中，在吃东西时不小心被鱼刺、竹签、鸡骨、鸭骨等鲠住咽喉的意外常有发生。吃饭时，不小心被鱼刺卡喉怎么办？大口吞饭、喝醋，大部分人都会使用这些方法，以图通过饭团将鱼刺带入腹中，或是通过醋来软化鱼刺后将其带入腹中。这些常用的民间土方法正确吗？科学吗？

其实，被鱼刺卡住分很多种情况。一般来说，鱼刺卡在口咽部时，较小的鱼刺，有时随着吞咽，自然就可滑下去了。如果感觉刺痛，可用手电筒照亮口咽部，用小勺将舌背压低。仔细检查咽峡部，主要是喉咽的入口两边，因为这是鱼刺最容易卡住的地方，如果发现刺不大，扎得不深，就可用长镊子夹出。

在急救时，首先要有充足的光线，让光线直射到咽喉。因为鱼刺大多数刺在咽喉部，应该可以看到，并且大多一端暴露在外面，呈白色，另一端才是刺在肉里的。这时应嘱咐患者舌后缩，并发出“啊”音，然后仔细“寻找”鱼刺，若未发现，可休息一会再重复做，一定等看清楚，然后用镊子迅速地拔出鱼刺。若重复多次也未发现鱼刺，或卡在其他部位，则不可麻痹大意，应该立刻去医院请医生医治。

在遇到此问题时，还要注意以下几个问题：

1. 感到有鱼刺卡住咽喉部时，不要马上用手去挖，不要企图取出异物或者刺激咽喉部引起反射，致恶心呕吐并带出异物。因为这种做法很难取出异物，只能损伤周围软组织，把本来插入不深的鱼刺折断或插得更加深入。

正确做法：鱼刺刚卡住时，大多插入黏膜软组织不深，应该先保持镇静，轻轻作咳嗽动作，使气流冲击鱼刺脱离黏膜并吐出。如果不能吐出或咽下，家人又无专业知识或器械，则应尽早到有条件的医院检查并作相应的处理。尤其是小孩，如果时间过长，会引起发炎，并因周围软组织及间隙感染甚至脓肿形成，压迫呼吸道致窒息，危及生命。

2. 鱼刺进入食道时卡住，大口吃饭团，可能会使鱼刺卡得更深，增加取出异物的难度，严重的甚至会使鱼刺穿过食管，刺破主动脉弓而引起大出血，危及生命。

正确做法：去医院检查治疗，使用专业的医疗设备将鱼刺取出。因为如果鱼刺卡在食管第二狭窄处时，患者根本看不见，仅仅依靠常识去企图挖出也是徒劳，这个需要专业医生的指导，尤其是出现呕血，或者有黑便、严重贫血等情况的患者，否则可能会有生命危险。

3. 鱼刺卡在气管或支气管时，仅仅喝醋更是无济于事，因为醋很难软化鱼刺。即使软化外露部分，插入组织内部的部分也不能软化。如果将其带入了气管或支气管更深的部位，则增加取出的难度。

正确做法：鱼刺卡住气管或支气管，主要是误吸引起的，虽然这种情况的发生几率甚微，但一旦发生，一定要即刻去医院检查治疗，不要延误治疗的最佳时机，避免引发气管炎、支气管炎，甚至是肺炎。

生活情趣篇

怎样集邮和收藏邮票？

从事集邮活动，既可丰富知识、开阔眼界，又可陶冶个人情操，增添生活情趣，充实精神生活。

那么怎样从事集邮活动呢？

1. 必须广泛阅览有关的书籍报刊，以丰富自己的集邮常识，包括邮票的诞生与发展、分类及特点、鉴别和欣赏、收集和保护、修整和保藏等。有条件的最好能订阅一些有关杂志，例如，《集邮》、《集邮爱好者》、《集邮天地》、《邮品世界》等。

2. 准备好必要的集邮工具，例如，集邮册、量齿尺、邮票夹（不锈钢镊子）、放大镜之类。

3. 开辟广泛的邮票来源渠道。根据各自不同的情况和条件，可以考虑通过以下途径进行搜集邮票。(1) 从亲友们寄来的邮品上剪取；(2) 向自己的亲戚朋友索要，请他们留心帮助收集；(3) 用自己多余的邮票与他人进行交换；(4) 到邮票交易市场选购；(5) 直接到邮票公司订购或购买。

4. 将收集到的邮票分类存放、妥善收藏，必要时可进行适当的修整。

5. 加强邮德修养。开展集邮活动的目的，是为了丰富课余生活，充实精神世界，培养良好情操。同学们如果发现别人的邮品上有自己需要或喜欢的邮票，必须亲自诚恳地向邮品主人索要，切不可擅自剪取。同时还须注意切不可玩“邮”丧志，影响了文化知识的学习，这是得不偿失的。

收藏邮票，必须分类存放在专用的集邮册或邮票夹里。如何分类，可根据自己的兴趣、爱好和条件而定。既可以按邮票发行的国家和地区分，也可以按邮票出版的时间顺序分；既可以按邮票的性质分，也可以按邮票的内容分。分了大类，还可以再分小类。分类收藏，既方便查阅欣赏，确定分类标准，又可以帮助我们丰富知识，陶冶情操。

万一邮票品相不佳，出现下列情况，收藏入册之前必须进行相应的修整处理。

一、揭薄

有的同学集邮心切，发现合适的邮票，往往从信封上直接揭取。一不小心，便会使邮票背纸留在信封上，导致邮票揭薄。此时可用一张吸水纸贴在邮票背面揭薄处。如果粘上的白纸过白，则用毛笔涂上一层淡淡的墨汁，即可使之与周围的颜色保持一致。

二、受潮

邮票受潮可放于通风处晾干，也可置于 40 W 白炽灯泡 3 厘米处烘干。如果票面上生了寄生霉菌，程度轻微的可用棉球擦拭，程度严重的可用清水洗净（注意动作要轻，以免损坏邮票）。

三、残缺

残缺严重的不必修补，应予以废弃。残缺轻微的可以自制一个与缺少部分相同的水片补上，再设法轻轻地凿上小孔。

四、污染

如果邮票上染有墨渍或已出现黄斑，可在热水中放置少许食盐，盐水降温至40 ℃左右时将邮票放入，浸泡15分钟取出。污染严重时可适当多放点盐，再加上一些牛奶，并延长浸泡时间。如果邮票沾染的是油迹，则须浸泡于汽油之中10分钟后取出，贴在干净的白纸上，置于通风处，待汽油挥发干净即可。

怎样欣赏中国写意画？

相对于细致缜密的工笔画，写意画则似乎显得凌乱粗糙、恣肆纵放。其实所谓写意，是要求用极简练概括的笔墨，来描绘出物象的形神，表达一种抽象的意境。

以形写神、形神兼备，不仅要画出物象的外在形貌，而且要表现出对象的精神气质和性格特征。写意画由于对物象内在精神特征的强调，外在的形似就显得相对次要。形体、颜色等都可以夸张、简化。所以不论红花绿叶、青山绿水都可用水墨来画。多少年来，水墨的梅、兰、竹、菊等似乎都较色彩画更具生命力。苏东坡曾以红色画竹，有人觉得不可思议，而东坡说：世上又哪有墨竹呢？显然在苏东坡眼里，颜色的是与非，都是无关紧要的，重要的是竹所具有的精神特征。

要抓住物象的特性气质，必须长期观察，对所画对象非常熟悉。同时必须经过高度概括，去粗取精，才能将客观对象提炼成艺术形象，虽然简练，却更集中，更典型，更具艺术魅力。至此，画家胸有成竹，胸罗丘壑，纵笔写就，恰到好处。因此，写意画看似简略，其内在的蕴含却是极为丰富的。

写意画一般画在生宣纸上，由于生宣纸的渗化力很强，就要求利用好水分，掌握笔墨的轻重快慢、干湿浓淡，这样才能创造出好的艺术形象。

所谓“不似之似”是说形象虽不是十分逼真，而精神特征却更为突出。齐白石画虾脚与真虾不符，却比真虾更加概括，因而也更有魅力。

写意画较之工笔画更强调书法性。书法上的修养直接对绘画产生影响。晚清画家吴昌硕学画较晚，但其书法上的成就决定了其绘画的成功。清代画家八大山人绘画线条的图劲，石涛用笔的恣肆，金农的拙重均可从他们的书法上找到一致之处。

中国绘画强调诗画结合、状物抒情，好的题句能使画的内涵升华。钱松岩以江苏常熟农田为蓝本，作画命名“常熟田”，寓年年丰收之意，一语双关。徐青藤画水墨葡萄，题句以“闲抛闲掷”的“明珠”自喻，慨叹怀才不遇的遭际；郑板桥喻萧萧之竹为“民间疾苦声”，表露了自己的关切之情；唐伯虎画“秋风执扇”以感慨世态炎凉……写意画重“意”的抒写，画有尽而意无穷，并辅之诗文。读画品诗，意味隽永，境界全出。

怎样欣赏中国花鸟画？

中国绘画将自然界中的动植物作为表现主体的绘画称之为花鸟画。其内容包含花卉、翎毛、走兽、草虫、水族（鱼、虾、蟹、蛙等）、果蔬等。唐朝以后逐渐成为独立画类。五代画家黄荃、徐熙创立的“徐黄二体”一直影响到明清的花鸟画风。

与人物画一样，花鸟画也不是以形似为主要目的，而是重在表现对象的精神内蕴。这就要求画家必须通过长期观察分析，对描绘对象非常熟悉，充分了解其特性、规律。北宋画家赵昌提倡写生，自号“写生赵昌”。与他同时代的画家易元吉为了进行精密观察，提高写生能力，在住宅周围种树筑池，引群鸟栖息其间。晚清画家任伯年为观察猫的习性，甚至跟踪爬上屋顶。近代画家张善羽长于画虎，人称“虎痴”，他竟在住处养了一只老虎以供朝夕观察。齐白石画的虾、蟹等则又是在极其熟悉的基础上加以概括，寥寥数笔而形神兼备。

花鸟画中的花卉，常常是截取一枝或几枝花来画，人称“折枝”。这样，横出斜升，在构图上显得极为自由，而绝不同于西洋画中的静物画。中国花鸟画追求赋予每一枝花以活泼的生机和生动的气韵。

花鸟画的概括性较强，画家在描绘时往往注重其最本质的特征。如画竹，以最明显的“介”、“个”形特征加以组合，而省略不必要的繁杂的部分，使竹子的艺术形象更鲜明突出。

工笔花鸟画设色层层复加，艳丽明净。写意花鸟画则横涂竖抹，一气呵成。花鸟画设色方法多样，但不论是以色为主，还是以墨为主，总的要求是协调、雅静、明朗，色和墨应相得益彰，自然协调，明洁不灰。也有干脆纯用水墨来完成，如明代徐渭的水墨写意花卉。在画家眼里，墨就是色，墨色的深浅浓淡，给人们不同的色彩感觉，是一种单纯的美。

梅、兰、竹、菊，合称“四君子”，因它们所具有的人格化特征——坚韧、清逸、虚劲、清寒，宋元以来成为画家常画的题材。画家通过它们来抒发自己的感受。南宋画家郑思肖常写无根兰以寄托国土沦丧之痛，元代画家王冕以水墨梅花抒发清高孤傲之情。这也是中国画寓情于物、借物抒情的一大特色。

花鸟画是人们喜闻乐见的绘画，优秀的花鸟画能调节人的情绪，陶冶人的情操，提高人的审美能力。

怎样欣赏中国山水画?

中国绘画将表现自然山川景色为主体的绘画称为山水画。其内容包含山川、坡石、树木、建筑、交通工具及风景人物等。在表现手法上又有青绿、金碧、水墨、浅绛等形式。自唐朝后日趋成熟，五代两宋起成为中国绘画的主流。

欣赏一幅山水画，首先看其是否有较强的气韵，所谓“气韵生动”，即指作品的艺术魅力。它是画家的文化修养、技巧修养和人格修养的形式表现。山水画所表现的意境，通常指客观景物加上作者情感的陶铸，经过艺术加工，达到情景交融的美的境界、诗的境界。意境是艺术的灵魂。山水画《红岩》（钱松岩作）描绘的是抗战时八路军驻渝办事处所在地——白色恐怖中的一面红旗。画家用夸张的原砂色渲染巨岩，突出了“红”的意蕴，满怀激情歌颂革命精神，抒发自己的仰慕和钦佩之情，其作品意境远高出单纯客观的描写，因而具有极强的艺术感染力。

中国画家在表现山川时，注重对象的总体精神和基本特征。表现形式归纳成一定的表现套路。体现山石特征的各种皴法就是典型的套路。江南山势平缓，草木葱郁，多用温柔含蓄的线形皴来表现；北方山势险峻，石骨呈露，多用刚劲刻露的面形皴来表现。古代许多传世的优秀作品充分体现了中国绘画对表现客观景物的总体精神及表现形式的把握。当然，随着表现领域的拓展，新的表现形式也不断产生。如现代画家石鲁画的黄土高坡钱松岩画的江南水田，都是古人从未表现过的。

山水画在处理空间上相当灵活。观察对象时，视点并不固定，可随视线移动而移动，这样在构图上就相当自由，也适合各种画幅形式的表现。如采用“鸟瞰式”方法画竖幅山水，重岭叠嶂，层次丰富；而用移动式的透视画横幅长卷，则万里之遥，如在眼前。北宋画家王希孟画过《千里江山图》，现代画家张大千画有《长江万里图》，气势恢宏磅礴。这种观察及构图方式在西洋画中是难以想象的。

山水画依物象大类设色。如春山着绿，秋山着绛。有的勾斫工细，填以石青石绿颜色，其色彩效果艳丽夺目，称青绿山水。有的在水墨之上略加花青或赭石，其色彩效果协调明净，称浅绛山水。而纯以墨的干湿浓淡来表现山川景物的称水墨山水。水墨山水自形成以来，其影响足以抗衡任何色彩画。

好的作品，都能予人以不同的启迪和感慨。同学们在欣赏山水画时，是否也会随着作品“神游”一番呢？

怎样欣赏剪纸？

剪纸是在纸上剪裁出来的画，是我国劳动人民喜闻乐见的一种传统民间艺术。

从欣赏的角度来讲，剪纸有三个重要特点：

一是实用与审美相结合。例如，流行于我国北方的窗花，不但能起到装饰作用，创造活跃的气氛，而且还兼具了一种审美的艺术效果。剪纸经常用于婚嫁喜庆及传统节日的装饰美化，或用于作鞋子、枕头等刺绣的底样。

二是借物寄情。民间剪纸大多表现生产、劳动、家庭生活，以及民间故事、儿童乐趣等等。如剪纸中的老虎、狮子等动物就是为了强调和赞美虎和狮子的勇猛、有力，寄托了希望儿童健康成长的情感和愿望。同时又让虎和狮子的形象变得活泼可爱，甚至充满稚气，完全被人格化了，以适应儿童的心理。剪纸中的活泼可爱的鱼则表示一种年年有余、生活富裕的愿望。

三是富有创造性。剪纸艺术主要依靠作者丰富的想象力和高度的概括力，抓住生活中最动人的、最能表达内容的形象，用夸张、变形等手法和简练的线条，以及明快鲜艳的色调，创造富有装饰性的艺术形象。

除了共同的艺术特点之外，各个地区的剪纸又有各自的地方色彩。大致说来北方的剪纸“天真浑厚”，而南方的剪纸比较“秀丽洒脱”。

剪纸在形式上又可分阳刻、阴刻、套色、点色等。阳刻又叫单色剪纸，它是剪纸中最常见的一种形式。也有将各种形式组合起来进行剪纸，我国最著名的剪纸产地河北蔚县的剪纸就是这种特色。

怎样使笼鸟鸣声悦耳？

一般的鸟都有自己独特的鸣叫声，笼养的鸟要求能发出足以满足饲鸟人喜好的鸣叫声，才能说达到了饲鸟人饲鸟的目的。而饲鸟人得到了好笼鸟之后若不知如何养好鸟，则不啻是明珠暗投，其结果是好鸟变劣，活鸟变死。下面谈几点选鸟、养鸟的主要方法：

一、选鸟

选养什么鸟？这既要考虑饲鸟人的性格、爱好、用途等方面，又要考虑饲鸟的环境和其他条件。例如主要做室内工作的人可以选择体态纤小、鸣声清新又深居简出、不必经常悬挂室外的绣眼鸟；平时工作节奏快、劳动强度大的人退休后养鸟应选鸣声嘹亮、体格强壮但必须经常携带到公园、茶室“冲”鸟的画眉鸟；色彩娇艳、鸣声婉转曲折，可以常挂室内的金丝雀常为女士们偏爱，笼鸟中那些貌不惊人却聪明伶俐，能惟妙惟肖地模仿人言鸟声的鷯哥和八哥是男女老少普遍青睐、久逗不腻的宠物。养鸟是选养雌鸟，还是选养雄鸟？一般来说，雄鸟鸣声高昂、延续时间长，而雌鸟鸣声较尖细短促，因而笼鸟一般都选用雄鸟。

二、选饲料

鸣声和饲料种类、饲养方法有很大关系。饲鸟必须选用适合自己所养笼鸟的口味，诸如绣眼用蛋黄、黄豆粉为主再配苹果等水果；鷯哥、八哥用蛋米、瘦肉和皮虫；金丝雀用粟子、苏子和青菜等等。精心喂食给水，鸟体膘肥体壮，才能使鸣声“中气”足、鸣声响、时间长。

三、选环境

要提供笼鸟适宜的外界环境条件，如温度、湿度、日照、通风等。因笼鸟的全部活动范围限制在一只小笼子里，无法自由趋避，如环境不良，往往会使笼鸟衰弱多病、鸣声无力。

四、注意调教

有些鸟如画眉，不能天天孤独悬挂室内，要将多只画眉挂在一起自由竞唱。有些鸟，如金丝雀的调教，还要录取优良金丝雀鸣叫声制成音带，反复播放给新鸟听，供新鸟模仿效学。

总之，若要笼鸟鸣叫好，必须选用好鸟、好食、好环境。

怎样选择和训练信鸽？

目前，世界各国都成立各级信鸽协会，并定期举行国内或国际的信鸽竞赛活动。那么，怎样挑选和训练信鸽呢？

信鸽是一类用于传递书信的家鸽。它由原鸽驯化而成，属鸟纲、鸽形目、鸠鸽科、鸽属，体呈纺缍形，喙短，鼻孔外具有蜡膜。翼较长且大，善于飞翔，每小时可达 70 千米，足短且健壮，四趾位于一个平面上。嗉囊发达，在育雏期能分泌鸽乳喂雏。幼鸟是晚成鸟。体内无胆囊。毛色复杂，以青灰色较普遍；也有纯白、茶褐色、黑白交杂等。人类利用鸽子强烈的归巢本能，经训练后用于通信。

用于通信的信鸽，个体要灵活，记忆力要强，体格要强健，飞翔能力要强。因此选择信鸽很重要，好的信鸽具备的外表特征是：头部较阔、脸形较长；眼睛清澄、透明、圆亮；鸣声圆润并且洪亮；腿部粗大、挺直；羽毛若是洁白色更显得漂亮。

挑选好信鸽后，就应及时进行训练。训练中不可心急，要让信鸽爱恋自己的巢舍，熟悉巢舍附近的周围环境，使它不易离开自己的巢舍。先训练听号令，使信鸽能听号令定时在自己巢中进食。以后在它们饥饿时，携带出去放飞训练，由近而远。第一次放鸽时，可先缚扎它的翅膀，把它放在鸽舍的屋顶上，让它认识自己巢舍位置和特征，以免迷路，鸽子记忆力很强，以后便不会认错地方。开始放飞距离要短，待鸽子飞回后，立即让它们进食，同时准备清水，让它们洗澡休息。逐渐加长放飞距离，经过一定时间的训练，就能使它们成为出色的信鸽。

怎样挑选和饲养蟋蟀？

蟋蟀是一种善斗的昆虫，北方人称为蛐蛐、促织，南方人习惯称为秋虫。养斗蟋蟀历来为我国人民所喜好，历史上也颇有记载。著名的济公斗蟋蟀的故事曾为我国广大人民所熟悉。许多中学生也有养斗蟋蟀的爱好。其实只要不影响学习，在课余时间养些蟋蟀，既可增加生活的乐趣，又可丰富昆虫学方面的知识。

蟋蟀品种很多，体色就有青、黄、紫三种，而且头形、翅衣、腿脚、牙齿、触须和尾须都有差异。有经验的饲养者只要一眼就可辨出蟋蟀品种的优劣，善斗不善斗。一般来说，蟋蟀宜选择头大、脸黑、头部高凸丰隆，头线（也称为斗线）直细透顶，牙以墨黑粗长呈锯齿形为佳。身体宜雄厚丰满，肉色以细白或紫绒为上品。翅以尖翅为好，翅衣要求色彩光润、色浓清晰、翅长而包扎紧，鸣声宜厚老、急尖、苍劲、刚烈、坚实有力。体色以青最佳，黄虫居中，紫虫最差。同一品种的蟋蟀一般来讲，深色胜于淡色。触须和尾须要平直无损；触须粗长黑亮，摇动不停者极凶；腿脚宜粗长，大腿下肢生有毛刺，毛刺越多越长越凶猛。从神态上看，蟋蟀在盆中神采奕奕，气度轩昂，步履稳健，两须不停向左右扫动似寻斗状，这样的神态定属优质之虫。

好的蟋蟀到手后要经过长则数周、短则数日的饲养，方有斗性和力量。盲目出斗易败。刚捕捉的蟋蟀应先喂些青菜嫩叶和熟绿豆，喂 2 ~ 3 日使其肚内泥土泻尽，然后再喂大米稀饭粒，除米饭外，可将其他败虫之大腿取下喂养蟋蟀，既增加营养，又可增其斗性。饮水以河水和雨水为佳，自来水须经煮沸凉后方可给蟋蟀饮用。荷叶露是蟋蟀最好的饮料，方法是用干净的河水或雨水煮荷叶凉后即成荷叶露。蟋蟀长期饮用荷叶露可强筋壮神，补足气血，增强体质。盆内粪便应每日清洗干净，以免蟋蟀自食粪便。早秋气温较高，每隔 2 ~ 3 日给蟋蟀洗浴一次，将蟋蟀放入网中，在干净的雨水或凉开水中洗浴 1 ~ 2 秒钟即可。洗浴后可让蟋蟀在干草纸上爬干后再放入盆中。一般白露之前虫体尚不老健，不宜出斗。白露过后，虫体正值壮年，出斗定凶。在出斗前配以三尾，待贴经后再斗，此时雄虫身内有经仔，其斗性必旺。

怎样培育金鱼种鱼？

每年的清明前后，是金鱼产卵繁殖的季节。为了能得到品种优良的金鱼后代，有必要做好金鱼种鱼的培育工作。那么怎样才能培育好金鱼种鱼呢？

1. 在每年立秋或入冬以后，把那些性状、特征和色泽方面都符合要求的金鱼选择出来作为种鱼的重点培育对象。具体要求是：品种相同、鱼体端正、体肥膘足、色彩鲜艳，体长在 7 ~ 8 厘米。切忌将不同品种的金鱼混杂在一起，否则，将来孵化出来的金鱼就会变成杂种，不伦不类，叫不出品名。当然，如果有意识地培育新品种，那就应当有目的、有计划地进行杂交，并要持之以恒，才能培育出新品种。

2. 做好种鱼的饲养与护理工作。种鱼的饲养必须在严格监护下进行，其要求是：喂料要精心，尽量选择优质天然饵料，如活水藻、水蚯蚓等，如是人工合成饵料，则应新鲜、味美，不要把金鱼不爱吃的饵料投喂给种鱼。投喂的时间、数量以及种鱼的摄食情况应有记录，以便找出规律，实行科学化管理。用水要合理，保持水质良好，适时进行换水，始终使金鱼种鱼处在良好的生活环境中。体质健壮，精神活泼，肤色鲜亮，这是观察种鱼状态是否良好的标志。日常饲养管理要跟上，比如鱼缸要保持清洁，如有污物或残饵要及时清除。阴雨天气，要针对鱼缸中水体溶氧量减少的情况进行加氧。盛夏的中午，应在鱼缸上覆盖些水生植物以遮荫，或置于阴凉处，防止其中暑或烫伤。

3. 为种鱼提供良好的“产床”。一般准备水草一块，一端用绳扎住，使其固定在水中。水草的选择应尽量硬一些，放入鱼缸前必须洗净并消毒，否则会污染鱼缸，影响种鱼的身体健康。

小苏打对鱼类的生长发育很有益。根据这一原理，如对金鱼采用0.5% ~1%的小苏打作短时间的浸洗，不仅可以大大促进幼鱼的生活，增加其体重，而且对于较弱的鱼还有显著强身健体作用，对预防各种鱼病也有一定效果。

怎样设计和养护盆景？

玲珑秀丽的盆景，是将树木、山石、苔藓等经过设计和布局使之造型艺术化，将各类自然景观浓缩在一盆之内。

盆景按制作材料可分为两大类：树桩盆景和山石盆景。按大小又可分为巨型、大型、中型、小型和微型盆景。家庭摆设的多为中小型盆景。

一、盆景的设计

1. 树桩盆景。根据准备的植物材料，先在头脑中构成一幅蓝图，可根据材料的形状、枝条的长短、软硬程度等状况来确定盆景的造型，是直干还是曲干，亦或是悬崖式，并定下主题。还可添置小动物、小建筑或人物加以衬托。

2. 山水盆景。先立意后加工，选景要符合自然山水之势。山水盆景有近景、中景、远景和全景等，并分为单峰式、双峰式和群峰式。

单峰式多为一盆一石的近景，盆中只有一块较大的山峰和较小的水面，山峰上的山谷林木、楼阁景物明显可辨，形象具体。如制作“小孤山”盆景，以孤峰为主体，把高低嶙峋的山石、凸凹不等的丘壑、宽窄多变的曲径、色彩各异的植物、各种形态的人物进行具体的艺术加工和精心布局，使之成为“长江独秀”。

双峰式多为一盆两石的中景，盆中有两块较大的山峰，水面比较宽阔。山石上除可布置较大的树木、建筑外，一般不用较小的禽兽，主要是突出山石姿态。如制作“姊妹峰”，以姊妹为主题，把两块山石布置成大小相仿、形状各异的统一体。

群峰式是一盆之中有多石的远景或全景。盆中山石有大有小，选高大的为主峰，置于中间或稍偏左右，其他诸峰相继而立。如制“漓江风光”，先选择或加工多块自然形状较好的山石，按主宾关系布置，体现出桂林山水的秀丽风光。

二、盆景的养护

植物盆景因盆小、土少，加强养护管理是保证其正常生长的关键。养护要点如下：

1. 环境要适宜。盆景植物习性各自不同，应根据环境条件把喜光、半阴等不同习性的植物分类摆放，如杜鹃、茶花、五针松等植物，应放到太阳直晒不到的阳棚下或树木下阴凉处；而把一些喜光的龙柏、迎春花等摆放在着光、通风的地方。

2. 水肥要适量。对植物盆景进行浇水施肥时，根据植物的生长需要确定用量大小。落叶速生植物如榆树等，在生长期所需水肥较大，天旱时应每天浇水，每十天半月应少量施肥；而慢生的长青植物，如杜鹃等，在平时或生长期内所需水肥少些，平时每天浇些水就可以了，在春秋两季只需施少量稀肥。在天气炎热时，枝叶应经常喷水。

3. 修剪要及时。植物盆景虽经过人工定型，但仍容易产生枝条的横生徒长现象，如不及时整修，以后再加工就比较困难，难免失去造型特点。盆景在生长期内应每月整修一两次。盆景换盆要及时。

怎样给树桩盆景造型？

盆景被称为“立体的画，无声的诗”，在中国有着悠久的历史。很多青年朋友喜爱盆景艺术，想亲手制作盆景。下面谈谈如何给树桩盆景造型。

1. 要有树桩盆景造型的整体构思设计。诗文写作要求的“意在笔先”，同样适用于盆景的创作。由于桩头材料、种类、特性不同，形象各异，制作者要“因材制宜、扬长避短”地进行总体构想，在脑海中绘出蓝图，或在纸上画出设计构图。总体设计，应注意以下四个方面：

（1）明确主题。如要表现刚健，桩头主干必须粗犷壮实，枝繁叶茂；表现险峻，则可采用“悬崖式”造型，使桩头枝干居高曲折而下；表现野趣，应着重刻划桩头主干的腐洞斑痕、枝杈的短曲。

（2）分清主次。局部要服从整体，并突出作品主调，重点渲染；局部基调，作酝酿烘托之用，使作品既富于层次变化，又和谐统一为一个整体。

（3）取舍适度。盆景桩头具有持续生长的特点，制作者要心中有数，根据其整体形势决定根、枝、干、叶的高低、前后、左右的取舍，使之合乎“缩龙成寸”、“以小见大”的造型规则。

（4）创新立意。要在前人宝贵遗产的基础上大胆创新发展，创作出能够体现时代精神的好作品。

2. 要将刚直的桩头枝干合理地按创作意图弯扭成各种形态，使其富于三维空间的变化。常用的弯曲方法有：棕扎法（用粗细不同的棕绳，对桩头干枝进行绑扎，迫使其弯曲成型）、金属线扎法（以粗细不同的铜、铝、铅、铁等丝线，利用其坚韧性和可塑性，对桩头干枝进行缠绕，迫使其弯曲成型）、曲木助弯法、穿透助弯法、锯齿助弯法、切割弯法和刻槽法等。

3. 为使树桩盆景造型符合创作意图，需对选用的桩头作适当的剪裁和雕饰。剪裁是为了控制其生长速度，促使其多分枝，使桩头在养分有限的盆钵中正常生长，生机蓬勃。裁剪顺序是从主干到枝叶，从大到小，从内到外。树桩盆景造型的雕饰是为了表现其古老病残的形象，以显示其历尽沧桑、时光久远的“老者风范”。树桩盆景的造型还要考虑其露根、嫁接、叶芽修整等方面。

怎样选择花盆？

随着生活条件的改善和审美情趣的提高，越来越多的人喜欢在家中栽花、养花。家庭栽花以盆栽为主。要搞好盆栽，除了必须掌握土壤、浇水、施肥等因素外，选择适当的花盆也是养好花的一个关键。

花盆不仅是栽培花卉的器具，而且能为花木增添光彩，提高其观赏价值。一般家庭养花的花盆应本着既实用又美观的原则进行选择。

一、要掌握各种花盆的特点，并根据不同花卉的要求来选择不同的花盆

1. 石盆、瓷盆、南泥盆的共同特点是：外形美观、质地坚实，对土壤温湿度的保持比较稳定，有利于花卉的根系生长，但透气、渗水力差。在干燥多风的北方，可防止水肥大量蒸发。这种花盆对栽培茶花、杜鹃、

兰花等南方花木较为合适。

2. 塑料盆的特点是：质感不如瓷盆、石盆和南泥盆好，但色彩鲜明、造型美观、轻便耐用，适宜栽植耐阴植物、壁栽和吊空栽植的花卉。用它在室内养吊兰、天冬草等比较理想。

3. 木盆的特点是：质地松软，适合栽培各种水生、地生、气生植物，而且自制比较容易，可根据自己的喜爱，做成各种形状。

4. 泥盆的特点是：透气、渗水性好，在温度和湿度保持较好的情况下，对花木的迅速生长有利，特别是一年生的草本花，用泥盆栽培长势较快。

二、根据花木的长势，在不同时间选择不同的花盆

盆栽花木长到一定时间就需要换盆，否则根系在盆中盘绕过多，即使是勤施肥浇水，也生长不好。换盆的时间，根据花木的品种和长势各有不同。一般讲，长势快的，如月季、扶桑、一品红、迎春花等，一两年换盆一次；生长较慢的，如松柏、柑桔、茶花、兰花等，三五年换盆一次即可。换盆通常有两种方法：

1. 原株换原盆。如扶桑、一品红等，可将植株倒出，将土坨上下扒下一层泥土，并剪去老根和顶梢，然后换上新土，将花木仍栽植在原盆里。这样，只见植株杆茎长粗，不见树冠扩大、长高，很适合培养盆景。

2. 原株换大盆。如茶花、柑桔等，将土坨倒出后，适当剪去部分枝条，对根系进行认真修整，除剪去烂根外，还可以剪去部分盘绕根，注意保留主根。在去掉部分旧土后，再用新土将原株栽于比原盆大三分之一的盆中。这样可使主干和树冠越养越大，有利于花卉的生长。

怎样管理四季盆花？

许多同学爱好种花养草，在住室的窗台、屋角摆上几盆花草，既美化环境，改善居室的生活气氛，又可赏心悦目，怡情养性，增进生活乐趣。下面介绍几点管理四季盆花的常识。

一、分清种类

盆花的种类很多，大体上分为两类：一类如凤仙花、菊花等枝叶柔软，植株矮小，属草本花卉；另一类如梅花、桃花等，枝叶硬朗，植株高大，属木本花卉。

二、选择盆土

盆栽花卉的用土，要求疏松肥沃，排水和透气性能良好，含较丰富的腐殖质。一般用种过两三年蔬菜的黑色疏松的园土。

三、选择花盆

栽植花卉用的花盆以素烧盆（即瓦盆）为最好，其次是陶盆、缸瓦盆等。素烧盆利于渗水、透气，便于掌握浇水，适于花卉植物生长。

四、换盆

植株在盆内生长过久，盆土肥力渐消，或植株长大，根系布满盆内、盆面，盆已嫌小，故须及时换盆。一般一年进行一次。松柏等盆树可每两三年换盆一次。换盆时间通常在早春尚未萌发的休眠期进行，也有在秋季进行的。换盆方法：先将植株从盆中倒出，用竹签剔去附在根际的五六成旧土，多细根易活的盆树，如杜鹃、石榴等，可以将旧土全部剔去，并剪除部分旧根，然后固定在较大的花盆内，将事先准备好的培养土填入盆内，土填到离盆口 3 厘米处为宜。种好后就浇水。松柏类不喜水，可在叶上喷洒。在 10～15 天的着根期间，应把花盆放在无风半阴处，每天浇水，保持盆土潮湿。

五、浇水

盆花植株体中 80% 以上是水组成的。水分是盆花生长不可缺少的因素。水分不仅溶解土壤养分，促进盆花营养的吸收，而且还通过叶面蒸腾作用，调节盆花生长。另外盆土的容积有限，容易干燥，所以要经常给盆花浇水。水以雨水最好，其次是井水、河水和自来水。但长期使用自来水浇灌，会使土壤碱化、硬化，严重影响盆花开花。解决的办法是将自来水贮存于桶中沉淀数天后再用；也可在水中加入少量硫酸亚铁和豆饼腐熟水，使碱性自来水改变为微酸性，以适应喜酸盆花的需要。浇水的多少应根据季节和盆花种类确定。在早春和中秋，每天午后应浇水一次。在初夏到初秋，晴天每天浇水两次，一般在早晨10时以前和下午3~4时后，切忌中午浇水；夏季炎热干旱时，每天还要在叶上喷一次水。冬季约三天一次，能保持盆土不干燥即可。一般草本花卉比木本花卉需水量多，仙人掌和其他多肉植物切忌潮湿。

六、施肥

要给盆花施肥，首先得了解氮、磷、钾三种肥料的作用。氮肥能促使枝叶生长茂盛、叶色葱绿；磷肥能促进种子发芽生根、开花结果；钾肥可使茎枝坚硬粗壮。给盆花施的肥料可到花鸟商店购买，也可自己制作。在花鸟商店可购到人造土（即人造木屑土）、颗粒复合肥料。自己制作的肥料有两种：一种是烂叶泥。阳台角落放一只小废物箱，铺上2~3厘米厚的土，把切碎的菜叶、果皮、蛋壳、鱼肠等有机物投入，再浇少量洗鱼肉的水掺和后覆土，盖紧压实。堆制后要每月翻坑一次。堆积料腐烂成泥后即可用。夏季一般三个月，冬季一般得半年。烂叶泥含有氮、磷、钾成分。另一种是购一些豆饼或菜子饼放在缸中加水发酵。这种发酵液含有磷、钾等养分。

给盆花施肥也要讲究季节，并根据盆花生长情况确定。长枝叶时多施氮肥，开花时多施磷肥，盆花过冬前多施钾肥。自春至夏，除梅雨期外多施液肥，伏天后应少施液肥，改用干肥。冬季休眠时，除早春开花的花卉外，一般停止施肥。

施肥方法：勤施淡肥，以流质为好，肥液不要滴在叶面上。施肥前，盆土要干燥、疏松，尽量在傍晚或阴天施肥，第二天再浇水一次，以帮助根部吸收养分。

七、光照与温度

木本花耐寒力较强，在清明前后可移放到阳台上，其余草本花卉在谷雨前后移到室外。夏天阳光强烈，天气炎热，多数盆花只宜放在阳台的背阴处，不能让阳光直射；有的还要在盆花上面用芦席遮荫。到深秋初冬（11 月份），多数盆花要移入室内越冬，放在室外阳台上易受冻害。

八、病虫害防治

1. 猝倒病。在幼苗时期常因温度低、土壤潮湿，或浇水太多而使幼苗的茎部细弱倒下，根部有的变为污黄色。预防方法：注意少浇水，白天增加光照，晚上移入室内。

2. 蚜虫。受害严重时，叶片干枯脱落，枝干停止生长。防治时可喷射鱼藤精 60 倍液杀除，或用农药乐果喷杀。

3. 介壳虫。该虫附在茎、枝上吮吸汁液，有碍盆花生长。防治方法：及时捕捉，或用石灰硫磺合剂（1:200）进行喷洒。

4. 红蜘蛛。红蜘蛛在 7 ~ 8 月危害最甚，严重时，可使受害植株叶片变黄而脱落。防治方法：用内吸剂农药杀螟松加水 800 倍液喷杀。

5. 食叶害虫有刺蛾、蓑蛾、毒蛾、风蝶等，一般不用农药防治，而是人工清除卵块，做到早发现、早消灭。

怎样在阳台上养花？

家庭养花是一种高雅有趣的活动，中学生在紧张的学习之余，学会栽花、养花，不但可以美化家庭环境，增添生活乐趣，而且可以陶冶美好的情操，调整学习与娱乐的关系。

近年来城市住宅高层建筑大量兴建，新搬进高层楼房的住户越来越多。住楼房的同学可以利用阳台养花。阳台多位于楼房的向阳面，阳光充足，空气流通，但阳台养花不同于地面，由于阳台上干燥多风，温差较大，栽培如不得法，很难将花养好。在阳台上怎样才能将花养好呢？

1. 首先要根据高楼阳台的特点，选择喜光耐旱的品种。如果阳台在向阳面，适合的花卉有：月季、扶桑、百日红、令箭荷花、叶子花、半支莲、菊花、米兰、茉莉、柑橘、石榴、葡萄，以及各种仙人掌类耐旱喜光的品种。如果阳台有遮荫条件或是在阴面，适合的花卉有：五针松、罗汉松、南天竹、棕竹、文竹、茶花、杜鹃、栀子、含笑、兰花、君子兰、万年青、金钟、仙客来，以及各种微型盆景等喜欢半阴的品种。

2. 阳台通风条件好，但盆土非常容易干燥。半日旱风，就可使枝叶萎蔫下垂，若不及时浇水，就会全株死亡。可用以下方法解决：

（1）采用较大些的盆栽培，因大盆蓄水多，不易干涸。

（2）适当将花盆放密集些，甚至将小盆置于大盆的盆土上，这样较多盆花一齐蒸发水分，可增加周围空气的湿度，改善局部小气候。

（3）适当多浇水，并备一只喷壶，平时多向叶面和附近地面喷水，干旱天气可一日数次。常给叶面喷水，是在阳台上养好花卉的有效措施。

（4）在小型植株盆上套塑料袋，使叶面水分不易散发。

3. 阳台阳光充足，这有利于植物进行光合作用。但有的花卉虽喜光，却忌暴晒，因此在安放花盆时，可将它们置于株形较大的喜晒盆花的后面。如发现植株叶片被烈日灼伤，须移至阴处或室内养护，令其恢复元气。另外，阳台多为水泥结构，经烈日一晒，温度很高，会烤伤盆花根须，可在花盆下填木板隔热。

4. 阳台只适合春、夏、秋三季养花，在冬季则需要迁入室内。

总之，只要摸清了阳台上栽花养花的规律，掌握一些因地制宜的培育方法，就一定可以把阳台建成玲珑可爱、欣欣向荣的空中花园。

花肥产生臭气，怎么办？

鲜花好看而肥臭难闻，这是养花过程中的一桩美中不足的憾事，那么我们怎样才能做到“尽善尽美”呢？

给花施肥时产生的臭气主要来自铵态氮肥，因为铵态氮肥遇到碱性物质时会放出氨气，而氨气则具有刺激性异味，令人闻之难以忍受。针对这一症结，我们可采取一些措施，来弱化以至于消除给花施肥产生臭气的问题。

1. 施肥时，尽量选用颗粒肥料施用，如为了节约而自己沤制肥料，则必须将所沤之物（如黄豆、鱼肠之类）密封在罐内，沤至发酵成熟肥后方可施用。

2. 施肥时，应将肥料深埋于花根周围的土中，用厚厚的覆土来掩盖氨气的挥发。

3. 施用的铵态氮肥不宜和草木灰等碱性肥料混合，以免引起氨气的挥发。

4. 施肥最好安排在对人无影响的时间、地点。

扦插花卉不长根，怎么办？

随着人们生活的改善，栽培花卉的人家逐年增多。对一些名贵的、不易产生种子的花卉通常采用扦插方法进行繁殖或促使提早开花结果。但有时同学们在家中进行扦插花卉过程中会出现不长根的现象，这该怎么办呢？

扦插花卉能否成活，最关键的是花卉能否生根，而花卉的生根受到了温度、湿度、日光、氧气、基质等因素的影响。

一、温度

不同花卉的生长温度要求各不相同，但一般均在15 ℃～25 ℃之间，如果能采取措施（如用薄膜覆盖土面）增加泥土温度，使它比气温高3 ℃～6 ℃时，可促使根的产生。

二、湿度

扦插后还要注意泥土的湿润状态，使用嫩枝、叶扦插时，更应注意空气湿度。因此，我们可以采用向叶面洒水的方法，促使生根困难的植物较快生根。

三、日光

对于扦插初期的花卉应放在半阴处，给予适当遮荫。当根系大量生出后，逐渐给予充足光照，特别是有些扦插材料带有叶片时，更应多增加阳光照射。

四、基质和氧气

对多数花卉使用河沙与泥炭混合后的材料作为扦插基质，会促使扦插成功，也可使用煤渣灰等利于生根的基质代替。

一些容易在水中生根的种类（如夹竹桃等）以水为基质扦插时，注意每天要换水一次，补充水中氧气。

为使扦插容易生根，我们在用茎扦插时要选用健壮、生长良好的枝条；用叶时要选较肥厚的；用变态茎、贮藏根时要选用贮藏养分丰富的作为扦插材料，还要注意在剪取有的植物枝条时（如一品红、天竺葵等）切口常流出液汁，须等切口干燥后才能扦插。对不易生根的扦插材料，可以将枝条基部蘸取生长素与滑石粉的混合物插入基质中，然后浇足水，再在扦插盆上盖玻璃或塑料薄膜，放在半阴处，等到生根后再移入阳光照射的地方让其生长。

怎样挑选水仙球？

水仙是冬天生长开花的珍贵花卉，花朵美丽，叶儿青翠，清香扑鼻，用浅盆配以各色水石作水盆培养，置于室内，十分典雅。我国福建漳州是盛产水仙的地方，每年 10 月开始，漳州水仙球就会在各地市场上出现。不少同学想购买水仙球，但又不知道应该如何挑选，该怎么办呢？

水仙属于石蒜科多年生草本植物，肥大的鳞茎上生有好多层肉质鳞片，鳞片中生着可开花发叶的嫩芽。直径 4 ~ 5 厘米的鳞茎，一般只抽出一个花序，大的也有几个花序的。一个花序可长花蕾 5 ~ 10 朵，由于鳞片富含养分，因此，冬季环境条件适合时，只要给鳞茎一些水分，就能抽叶开花。

购买水仙球，可以从以下几个方面加以挑选：

1. 球体应呈圆形略扁。水仙球有母球和子球之分，母球球体略扁，说明内含芽多，以后会花繁叶茂。主球两侧应该有左右对称的子球，可用以加工成具有较高欣赏价值的花形。子球数量不可过多，多则不美。

2. 球体最外面的一层鳞片应该薄而无破损，色褐发亮且紧贴于球上，球应该紧而结实，稍呈隆起，忌松软。球体紧而隆起，说明球内鳞片含较多营养，球体松软，则养分不足。

3. 球体顶端应该细而紧，忌粗而松。细而紧则成熟度较高，粗而松则尚未成熟。

4. 球体底部应挑选宽大、并稍稍凹陷而饱满的，球底部的边缘突起的小粒要多。因为突起部分是水仙花没有萌发的根，经水养后易发根，形成根系。

按照上述标准，能挑选到比较优质的水仙球，经水养后一定能枝繁叶绿，开放出又多又好的花朵。

怎样养好水仙花？

我们选购回水仙球，进行促成栽培，经雕刻后放在水盘中水养时，常常会出现不开花、叶子徒长、倾倒、倒伏等令人不满意的生长现象，这是为什么呢？

水仙花性喜温暖、湿润气候，最适宜的生长温度是 10 ℃～20 ℃之间。通常以分球繁殖为主，小球要经 2～3 年的栽培才能开花。所以，当你买回的水仙球如果没有长足应有的时间（通常鳞茎较小），那么不管你怎样侍弄，到了开花时节，水仙也是只长叶子而没有那诱人的花朵了。

水仙花的生长，需要有充足的阳光，每天最好要有 4 小时以上的光照。日照少，就会只长叶，且叶色淡，质薄，易倒伏弯折下来，难开花。有人误认为日照多了，叶就会长得高，所以把水仙花放在房间内，不给充足的光照，谁知越是这样，则叶子长得越高。要防止叶子徒长，就要每天给以充足的光照，每天晚上将盘中的水倒掉，将鳞茎干放，白天注入清水于盘中，水不要太多。在无风晴朗的天气，可将水仙移至室外进行低温锻炼。

水仙在 10 ℃～20 ℃的室温下，在华东地区通常 40～50 天开花，而温度降至 5 ℃以下时它就难开花了。为了使它在元旦、春节开花，就要掌握好光照、温度及计算好雕刻的时间（天数）。如遇到反常的天气，温度过低、生长缓慢，可用透明塑料薄膜袋连盘带花套起来，放在阳光下照，以提高袋内温度，加速生长。如果采用加冰水、干放等措施，可延迟开花。

水仙也有向光生长的特性，如果水仙一直是某一侧接受较强光照的话，叶及花箭就会向光的一方倾斜生长，时间久了就会发生倾倒。因此，为了防止倾倒，不要固定某一面向光，而应经常调换水盘放置的位子。

怎样雕刻水仙球？

水仙以其亭亭玉立的身姿及散发出的阵阵清香，受到人们的青睐。于元旦、春节在室内陈放一盆，显得格外高雅。将水仙球通过一定的雕刻处理，加工制成水仙盆景，更显奇趣。

雕刻水仙的方式主要有笔架式和蟹爪式两种，其他方式也都从这两种方式中衍生出来，进而可制成各式盆景。

笔架式水仙因其长成后形似笔架而得名。加工时可用小刀（旧钢锯条磨制即可）刮去基部枯根，剥去棕色外表皮。用刀将包住顶芽的数层鳞茎割去，让顶芽外露，可使叶变短，花梗突出叶丛之上，然后沿鳞茎中心芽的两侧，从上至下用刀斜向中心切进1/3（避免切坏边上的花鳞片芽），共切四刀，切后略按捏一下，使鳞片松开，便于花芽抽出。

蟹爪式水仙因雕刻后，其叶片蜷曲像蟹爪而得名。蟹爪式水仙的雕刻比笔架式水仙略复杂。方法如下：

1. 在雕刻前先把水仙球外棕褐色外表皮剥去，用刀将枯根刮净，仔细看好水仙花生长方向，在母球圆径的1/3或1/4以下处或根部向上10厘米处横切一刀，将上部鳞片一边剥，一边切，逐层剥去，直至看到露出叶芽为止。

2. 小心将叶苞片和叶芽周围的鳞茎刻掉，剩下1/2或1/3厚度的鳞茎以便养护。

3. 用手指沿叶芽背向前施加压力，使叶和花苞分开，从裂隙略偏斜下刀，这时应特别注意，别切坏花苞，否则会使花形变态或枯焦而开不出花来。然后从上到下，由外到里把叶沿平行脉削去1/3或1/2，这样造成花的一边组织受伤生长慢，另一边正常生长，使叶生长失去平衡而弯向伤口生长。进行水养时，在生长发育过程中，就变成叶片蜷曲的蟹爪水仙了。

如果要花梗向某个方向弯曲，也可削去那个方向的部分花梗，使之弯向一方。

母球边上的子球可根据造型的需要决定去留，脱落的子球可用竹签补插上去。将雕好的水仙球放在清水中浸一昼夜，然后洗去浸出的黏液，用脱脂棉或纱布盖住切口及根部，避免阳光直射切口，造成枯黑现象。根部盖物要有一定重力，才能促其根须的生长，在阴凉处三五天，伤口愈合后，植入与花球相称的水盆，只要阳光充足，清水不缺（注意晚上倒掉水），就能使水仙花正常生长，开出使你满意的花朵来。

家庭购物篇

在农贸市场购物注意些什么？

随着市场经济的蓬勃发展，人民生活水平的日益提高，农贸市场越发显得繁荣兴旺。每当走进农贸市场时，那山珍海味、四时鲜果、新嫩蔬菜、鱼肉禽蛋等，令人目不暇接。那么，怎样购得质量上乘、价廉物美的物品呢？

一、熟悉行情，随行就市

孙子曰："知己知彼，百战不殆。"由于少数商贩为了牟取暴利，乱喊价，以次充好，如果贸然购物，往往受骗上当。因此，购物前首先要当好"侦察兵"，熟悉行情。了解行情的方法有以下几点：

1. 经常关心了解市场信息。可以阅读报刊、收看电视、听广播或向亲朋好友们了解。

2. "货比三家"。进入市场，要先"走马观花"，边走边问，向摊主询问产品、产地、价格，经过比较鉴别，就能成竹于胸。

二、避开高峰，区分对象

一般农贸市场的购货高峰有三个：一是节假期间，二是星期天，三是每天中午和下班时间。高峰期间，市场行情普遍较高，据行情统计资料显示，节日间的商品价格要比平时高出30%以上；每天中午和下班时，商品价格也要比其他时间高出10%左右。

三、了解质量，鉴别真伪

一般地说，农贸市场里，由农民自产自销及由外地购进的有商标、厂址、出厂日期的商品，质量是好的，多数经营者具有良好的社会公德。但也有少数个体商贩的商品，掺杂掺假，以次充好。了解质量可以从以下几个方面着手：

1. 掌握一点有关常识。俗话说："会看戏的看门道，不会看戏的凑热闹。"购物的道理亦然。例如购买猪肉就颇有学问。猪肉按质量可分为前档、中档、后档，其中尤以前夹心、猪腿肉质为佳。猪腿肉质坚韧纤细，可腌制香肠等；前夹心肉质鲜嫩松软，可制作肉圆等。

2. 学会鉴别真伪。一位名人说过，"市场上叫卖最凶的人，往往就是把劣质商品推销给顾客的人。"这种现象在农贸市场上屡见不鲜。因此，我们购物时，不但要听其言、观其行，更要鉴别货的真假优劣等。

例如，购鱼须注意以下几点：

第一，看眼，即看鱼眼黑而发亮的便是鲜鱼，肚大膨胀，鱼眼里灰白色的则是腐鱼；第二，看腮，腮呈鲜红色的是鲜鱼，呈酱赤色的是腐鱼；第三，看鳞，鳞片完好无损，带有光泽的是鲜鱼，鳞片残损，失去光泽的是腐鱼；第四，手按，用手指按压鱼肚，富有弹性的是鲜鱼，否则是腐鱼；第五，鼻嗅，味道新鲜的是鲜鱼，腐烂发臭的是腐鱼。

又如购买猪肉也有诀窍。仔猪肉色鲜红，后腿骨呈白色，瘦肉纹理细腻；而母猪肉呈酱赤色，后腿拐骨交接处骨色发紫，瘦肉纹理粗疏。

四、咬定价格，文明购物

农贸市场购物的特点是随行就市。经过了解行情、质量后，再按质论价，与卖方咬定价格。如发现购物时有短斤少两现象，也不要与卖方发生争吵，而应遵守《中小学生日常行为规范》，做到文明购物，将货物拿到市场公平复秤处当众复秤，或通过农贸市场服务所，根据工商行政部门有关规定，合理解决纠纷。

中小学生由于与社会接触较少，胆小害羞，缺少购物常识，因此，除注意上述三点外，还须多向家长、亲朋好友请教，并经常去农贸市场购物，通过学习、观察、实践，进一步了解购物知识，逐步提高适应市场经济发展的应变能力。

如何讨价还价？

“漫天要价，就地还钱”，虽然夸张了些，但也说明讨价还价是经济活动中极为普遍的现象，而且，随着市场经济的发展，不仅个体经营的店铺摊位可以讨价还价，即使是国营大商场，有的也可以讨价还价。由于进货渠道不同、经营方式不同，零售价的差异往往较大，一些唯利是图的商人盲目定价、漫天要价，“恶刀斩客”的现象是难免的，因此，应当理直气壮地讨价还价。

那么，怎样讨价还价呢？

一、要有勇气

买卖自由，主动权在你手上。要克服自卑、怕羞心理和盲目硬充“男子汉大丈夫，不计较得失”的心态。

二、要善于比较市场行情

可以通过电话或直接了解若干处售货的价格行情。这样，在与卖主还价时，就可胸有成竹，且通过介绍你自己掌握的价格行情，使卖主易于接受所还的价格。另外，任何商品不可能十全十美，而卖主向你推销时，总是尽挑好的说，而你应该针锋相对地指出商品的不足之处。这样，卖主就会降低要价，双方进行实质性讨价还价，最后会以一个双方都满意的价格成交。

三、要大胆砍价

漫天要价是集贸市场一些卖主欺骗消费者的手法之一。他们开价比底价高几倍，甚至高出二三十倍，因此，杀价狠是对付这种伎俩的要诀。不单是不法商贩，就是一般合法经营的商人，在定价时，往往除了基本价以外，还要加上“期望利润”。

四、反复挑选和最后定价

在挑选商品时，可以反复地让卖主为你挑选、比较，最后再提出你能接受的价格。在这种情况下，卖主往往会向你妥协。若卖主的开价还不能使你满意，你可最后喊价，并表现出不卖就算了的态度，这种讨价还价的方法效果很显著，往往能买到如意的商品。

五、不要暴露你的真实需要

有些消费者在挑选某种商品时，往往当着卖主的面，情不自禁地对这种商品赞不绝口，这时，卖主就会“乘虚而入”，趁机把你心爱之物的价格提高好几倍，无论你如何“舌战”，最后还是“愿者上钩”。因此，消费者购物时，要装出一副只是闲逛、买不买无所谓的样子，这样经过“货比三家”的讨价还价，就能买到价廉物美的商品。

六、选择生意清淡时购物

如夏季购寒冷季节的衣物、电器，冬季购热天的衣物、电器，周末、节日市场繁忙，难以还价，但周一至周四却是生意清淡之时，卖主对价格往往会让步。

商品有质量问题，怎么办？

学生涉世不深，购物时缺少鉴别商品质量的有关知识，再加上琳琅满目的商品中又有假冒伪劣产品充杂其间，这就很难避免买到有质量问题的商品。那么，一旦买到了假冒伪劣的残次货物，又该怎么办呢？

1. 要根据购物发票（若无发票可找上知情人作证）去原购物商店退换。如果所购物品为饮食类，切勿食用，以防中毒或引起其他疾病。退换时一定要讲究方式，语言要礼貌、客气，不要因为“理直”就“气壮”，与原卖方争执起来，引起不必要的麻烦。

2. 如果原卖方（商店）不予退换，则应持所购物品与发票向有关质量管理部门反映，以求行政执法部门干预而获得解决。

3. 若用以上方法还不能使问题得到解决，或有某些不便，还可以投诉本地区的“消费者协会”，以求问题的解决。也可以写信给当地新闻单位，对假冒伪劣商品加以曝光，求得舆论的帮助来解决问题。

4. 千万不要“自认倒霉”或“吃哑巴亏”，那样只能姑息伪劣次品，以致更多的人上当受骗。即使自己买了伪劣残次物品不想退换，那也要将其曝光，以警醒他人勿再上当。这是真善美与假恶丑的较量，中学生应具备惩恶扬善的社会责任感。

鉴于学生学习任务较重，没有更多的时间去为了一两件伪劣残次商品而理论，因此提醒同学们注意以下几点：

1. 购物最好到定点商店，没有十足的把握不要买流动货摊上的商品。

2. 选购物品，特别是较贵重商品，一定要看明商标、生产厂家、厂址、出厂日期及有关批准单位、批号等，还要留意是否有防伪标志。购买大宗或贵重货物一定要开发票。

3. 买个体商贩的货物，务必请注意其要价与实际卖出价的巨大差额。

没有把握，最好不要盲目去买。

俗话说“吃最好的药也不如不得病”，购物时注意，尽量不要把有质量问题的货买到手。万一买到了，我们就一定要讨回公道，维护自己正当的消费权益。

怎样挑选蔬菜和水果？

蔬菜和水果一般富含蛋白质、脂肪、糖类、无机盐、维生素和水等多种营养素。尤其是维生素，科学家实验证实，维生素 C 摄入越多，铁质吸收量就越大，它能防治坏血病、缺铁性贫血、白内障、癌症、心血管病等。新鲜的蔬菜和水果含这类的营养素最为充足，所以人们最好挑选、食用新鲜蔬菜和水果。

一、挑选新鲜蔬菜的主要方法

菜色光亮润泽者为新鲜蔬菜。如青菜、大白菜、菠菜、莴苣、刀豆、豌豆头、豇豆等，刚采摘上市的，看气色，光泽油亮，虽放在菜摊上，仍有长在田里的那种神气。如果是陈菜、干瘪的菜，那就不这样了。

首先，眼看须防假伪。有些蔬菜，如青菜、菠菜、蒜苗、青椒、黄花菜，菜贩子会把当天早上卖不完的放到下午或第二天，甚至第三天卖，为了使这些陈菜“新鲜”起来，就预先用水浸泡，或边卖边洒水，尽量使这些陈菜鲜亮起来（但总比不上真正新鲜的），不少人却上当受骗，买了回去，白花了钱是小事，营养成分却大大减少了。那么如何识别这种伪劣的假新鲜菜呢？可观察被采摘的断茎处，如断茎处发黄或暗黑了，像青菜、菠菜断茎处变暗黑了，就为陈菜（菜贩一般是不可能再修剪的）。

其次，手抓鼻闻。新鲜蔬菜手感脆嫩、光泽又好，又有一股清幽的香味儿，而陈菜手感柔软干燥、光泽黯淡、无清香味。

另外，挑选蔬菜时还需要注意以下几点：

1. 不买颜色异常的蔬菜。新鲜蔬菜不是颜色越鲜艳越浓越好，如购买樱桃、萝卜时，要检查萝卜是否掉色；发现干豆角的颜色比其他的鲜艳时要慎选。

2. 不买形状异常的蔬菜。不新鲜的蔬菜有萎蔫、干枯、损伤、扭曲病变等异常形态；有的蔬菜由于使用了激素物质，会长成畸形。

3. 不买异常气味的蔬菜。不法商贩为了使有些蔬菜更好看，用化学药剂进行浸泡，如硫、硝等，这些物质有异味，而且不容易被冲洗掉。

二、挑选水果一般用的方法

一看：新鲜的水果表皮光滑，色泽亮丽，有光彩。不新鲜的水果因失水而造成萎蔫，表皮发皱，不光亮。自然成熟的水果果皮颜色均匀，人工催熟的水果果皮颜色不自然、色泽深。个头儿超大的果品很可能使用了膨大剂。二摸：自然成熟的水果有弹性，而不熟的或人工催熟的水果手感较硬，果实发沉。三闻：成熟适度、品质优良的水果有其特有的果香。四尝：口感好的水果自然好。

另外，有些反季节水果成熟时间快，免不了使用催熟剂，这些水果里含有的激素对人体是不利的，因此要尽量吃自然成熟的应季水果，少吃反季节水果。

怎样鉴别肉质好坏？

肉类是我们日常生活中经常食用的高蛋白质食物，因其口感良好，富含蛋白质，营养价值高，一直以来都备受人们青睐。它们含有充足的人体必需氨基酸，能提供人体所需要的蛋白质、脂肪、无机盐和维生素等。我们通常见到的食用肉，主要是猪肉、牛肉、羊肉。我们要鉴别的主要是这三种肉的质量，鉴别方法可以分为：

一看，即看肉的颜色。新鲜的猪肉，肉皮白色，肉色鲜红，有光泽，不新鲜的猪肉一般肉色暗红，无光泽；变质时为黄绿色。新鲜的牛肉，肉色发红，油层固定，呈白色，与肌肉紧粘在一起；不新鲜的牛肉，肉色发紫，皮层和油层都发黄色。新鲜的羊肉，有光泽，色红而且均匀；不新鲜的羊肉，肉色稍暗；变质的羊肉，色质暗无光泽，脂肪呈黄绿色。

二摸，即摸肉是否具有弹性，是否发粘。新鲜的猪、牛、羊肉富有弹性，肉质坚而且细，并且外表微干，不粘手。不新鲜的猪、牛、羊肉，肉质柔软，松弛没有弹性，并且有粘手的感觉。

三闻，即闻肉的气味。新鲜的猪、牛、羊肉呈各种特有的肉味，无其他杂味，而不新鲜的猪、牛、羊肉有酸味或氨味，变质的则发出臭味。

此外，对买回来的肉，我们还可以用煮汤的方法确定肉的质量好坏。切少量的肉片放入水中煮片刻，不新鲜的肉汤易浑浊。

怎样选购水产品？

水产品质量问题主要有：药残超标（如抗生素氯霉素、硝基呋喃、恩诺沙星等）；水产品增重、漂白（或着色）、防腐；甲醛超标；受水质污染等。

水产食品是我国动物性食品的重要来源，是我们日常生活中食用比例较大的一部分食品，它富含各种氨基酸，易于人体吸收，食用价值高于一般肉类，更是高血脂、高血压患者的最佳食品。同学们在选购新鲜水产品时，一定要注意以下几点：

1. 要在具有《卫生许可证》，能够提供《产地证明》和《产品质量证明》，规范化管理，有正规保鲜或冷冻保鲜条件的超市、商户处购买，并注意索要销售凭证。

2. 尽量购买鲜活的鱼类，尤其是肌肉或内脏带有毒素的鱼类，如河豚、雪卡等鱼要买活的。

3. 做好感观检查，看体表、鱼鳞、鱼鳃、鱼眼、鱼肉的新鲜程度。

对于鲜鱼，首先观察鱼眼角膜清晰光亮程度和眼球饱满程度，眼球是否下陷及周围有无发红现象。一般鲜鱼眼饱满、角膜光亮透明、无下陷；揭开鳃盖观察鳃丝色泽及黏液粘稠程度，并闻其气味，鲜鱼鳃盖紧合，鳃丝鲜红或紫红色，清晰，黏液透明，无异味；然后检查鳞片的色泽与完整状况及附着是否牢固，同时用手测定体表黏液的粘稠度，再闻其气味，一般鲜鱼体表鲜明清亮，表面黏液不粘手，鱼鳞完整或稍有掉鳞，紧贴鱼体不易剥落；然后用手指按压确定肌肉坚实度和弹性，一般多坚实有弹性，光亮，光滑，不粘手。另外，最好在购买时，破开鱼肚，检查其内脏情况，去除内脏后，观察其肚内壁肌肉是否有特殊颜色及气味。鲜鱼内脏湿润，无异味。鱼肚内壁同鱼肉色，偶有血丝，用手可擦去。

对于冰冻鱼，活鱼冰冻后眼睛清亮，角膜透明，眼球略微隆起，鳍展平张开，鳞片上覆有冻结的透明黏液层，皮肤天然色泽明显。死后冰冻的鱼，鱼鳍紧贴鱼体，眼睛不突出。

在选购冷冻初加工水产品时，同学们应注意：个别不法生产者在加工冷冻水产品（如冻虾仁、冻鱿鱼等）时，使其较长时间浸泡于碱水中，一方面使其增重，另一方面改变产品的质量，以致于pH值大大超过8.4。所以，同学们在选购此类商品时要：一看品牌；二看是否由专业生产厂生产；三看商品是否在保质期内。另外，此类水产加工品在下锅前，用水洗、水漂时间应略长些或浸泡的同时加少许食醋，以中和过量的碱，在没有过多的泡沫或手感不是很粘滑后，方可烹炒。

怎样鉴别伪劣食品？

俗话说“病从口入”。食品质量的好坏，直接关系到人体的健康。如误食过期的、变质的食品，会使人生病，甚至危及生命。因此，购买食品时，要会鉴别伪劣食品，既防上当，又保安全。通俗地说，所谓“伪”即以假充真，食品中含有不能食用的原料；所谓“劣”即以次充好，不符合通常的法律或行业等规范标准。那么怎样鉴别伪劣食品呢？

一、主要检查商标、包装等

1. 要认清注册商标标识。名优食品外包装上都有注册商标标识。伪劣食品有的有假商标，有的没有商标，假的毕竟是假的，假冒商标与真商标对照，总有不同之处。如果没有商标，更能鉴别出是伪劣食品。

2. 注意外包装的标记。名优产品在外包装上印有食品名称、生产批号、厂名、厂址、产品合格证、优质产品标记，限时使用食品还注明出厂日期、失效时间等。假冒食品上述标记残缺不全，或乱用标记，有的没有厂名或使用假名，有的只印“中国制造”。名牌食品还要检查特有标记，多数名优食品都有特有标记。

3. 要注意包装。多数名优产品装潢图案清晰，形象逼真，色彩鲜艳和谐，做工精细，包装用料质量好。伪劣产品则色彩暗淡陈旧，图案模糊，包装物粗制滥造。

4. 要注意生产厂家，以地名为食品名称的名优产品，生产的厂家很多，但正宗传统名优产品生产厂家只有一家。因此必须认准厂名，以防假冒。

5. 要选择售货单位。有些高档名优食品，只在特定商店出售；供求差距较大的食品，如名牌商品，只有少数安排的“特供产品”，不可能大批量投放市场。因而，在市场上购买此类食品时，要注意伪劣假冒。

6. 要仔细查看食品包装的封口处。一般讲，名优食品包装的封口处较为平整，假冒伪劣的则不平整，有折皱、粘迹。

二、查食品本身

因包装、商标等常被不法商贩仿制盗用，要鉴别伪劣食品，检查一下食品本身的质量是重要的一环，可用察“颜”、观“色”、嗅“味”、触“身”等方法。

同一种食品进行比较，检查整体中有无部分变化、有无异样。如购买饮料时，可向售货员多要几瓶，摇晃每一瓶后，比较这几瓶饮料，观其体液的清与浊、颜色的鲜与暗是否一致，有无浊物、杂物等。凡液体食品均可这样检查鉴别。买盒装食品，多打开几盒来比较，柜台上一般都有打开的样品陈列，比较每盒之间的颜色气味以及手感的软硬等是否相同。对于塑袋食品，也要尽可能地把袋与袋比较一番。经比较，如发现整体中有部分异样，说明该食品质量不一或开始质变，不购则为上策。

另外要注意，千万不能买处理品。好端端的食品，为什么要降价处理呢？凡处理者，不是过期失效，就是保管不善引起变质。因此，这种食品危险性最大。

食品种类五花八门，而伪劣食品的表现形式更是千奇百怪，鉴别伪劣食品的方法和途径也就千差万别了。相信同学们会根据这些鉴别方法和学到的科学知识以及生活中积累的经验，去更有效地鉴别伪劣食品。

怎样挑选大米？

大米作为主食，是人们主要的食物，但是大米种类繁多、品质参差不齐，可以采用“一看，二闻，三抓，四尝”的方法来选购。

一看。新标准米外观色泽玉白、晶莹剔透；抛光米颜色鲜亮，通透性好；陈米颜色偏黄，米粒浑浊，通透性不好，即使经过抛光加工，通透性依然不好，而且颜色偏白；矿物油米的表层有一层油膜，反光性强，显得特别亮，但颜色仍然偏黄；而陈米由于存放过久，颜色已明显偏黄。另外，劣质大米颗粒大小不规则，碎米、杂质较多。所以，色泽玉白、通透性好、颗粒大小规则的米是优质米。

再看大米的根部，每一粒大米的根部都有一个向内凹陷的小孔，是米粒与稻杆相连接的部位，新鲜优质的大米根部是白色或淡黄的稻壳色，陈米颜色偏深、发灰、发暗，如发霉变质则发黑、发绿。由于根部向内凹陷，加工对它的影响不大，所以这是区分新米和陈米的一个重要方法。

二闻。新鲜的大米有一股稻草的清香味，抛光加工精度越高味道就越淡，陈米有一种捂过的陈味，矿物油米会有一股淡淡的油腥味，而陈米为长期储存需用化学药剂进行防潮防霉处理，闻起来有淡淡的化学药剂味道。

三抓。抓一把米轻轻地撮一撮，新米有一点发涩，抛光米比较滑，用矿物油抛光的米还会有种油腻的感觉；用热水浸泡矿物油米一段时间，再用手抓就会有比较明显的油腻感，严重的还会有油花出现。抓一把米再松开，优质米没有糠粉和杂质，陈米会有较明显的糠粉，这是快要发霉变质的前兆，劣质米还会有杂质。

四尝。取几粒米放到嘴里，标准米表层有富含淀粉、糖类、蛋白质、纤维素、维生素的的谷皮层和胚层，感觉有淡淡的甜味，抛光米加工精度越高，表面的谷皮层和胚层就越少，甜味也就越淡，营养自然相对单一。所以从营养的角度讲，标准米更好一些，但精细米、抛光米外观好，更有利于出口。陈米的谷皮层和胚层都变成了糠粉，所以甜味就没有了，营养自然也损失不少。用牙咬一下大米，优质大米坚硬，声音清脆，劣质大米质地疏松、声音不脆，这种米大多用水洗过，容易发霉，不利于保存。

最后，还要注意大米的外包装，看一看包装，防伪线是否精细，厂名、厂址、生产日期、保质期、执行标准、食品生产许可证和QS标志等是否齐全，一般来说，劣质大米是不会也不敢标注这些标识的。

怎样选购电饭锅？

首先，要根据自己的经济实力来选择一些优秀品牌的产品，好的品牌在优质服务以及售后保证方面做得都不错，可以让消费者买得放心。

其次，可以选择集多种功能于一身的电饭锅，这样不但可以节省开支，还可以有效地利用家居空间。现在的电饭锅不光有煮饭的功能，煮粥、炖汤样样精通，而且还可以做蛋糕，还有一些压力锅可以无水煲鸡。

作为一个理智的消费者，在选择电饭锅的时候，还应该考虑它的耗电量问题。目前卖场中出现了很多采用紫砂内胆的电饭锅，虽然这种内胆的电饭锅煮汤和熬粥方面有一定的优越性，而且在烹饪加热过程中也不会产生有害物质，紫砂还富含有益人体健康的多种矿物质，但和电饭锅普遍使用的金属内胆相比，紫砂内胆煮饭所需要的时间更长，耗电量相对来说也较大。

选择电饭锅最重要的莫过于安全问题，在购买时一定要检查产品是否有3C标志，包括插头和电源线也应该具有此标志，再查看产品说明书，正规的说明书上面应该印有产品名称、商标、型号、额定电压、频率、功率、制造商或销售商，说明书印刷清楚，生产厂家、地址、电话、维修事项都应清楚标明，还应配有保修卡、装箱配件单、出厂合格证等。除此之外，还要检查电源线是否为双层绝缘，线芯是否大于等于0.75平方毫米。

检查完以上事项，就要挑选一下电饭锅的外观，最好从不同角度观察外表有无划伤、变形等，各零部件的接合处是否光滑，内胆的涂层是否均匀，仔细检查内胆涂层是否会脱落，脱落的涂层有致癌的可能。现在正规厂家出产的产品基本杜绝了这个问题，但为安全起见，还是要仔细检查。

然后先用手上下触动几次功能按钮，看一下磁钢吸合是否良好。正常情况下，按下去，拔上来时有清脆的“嗒”声，最后接通电源，按下功能选择按钮，看一下指示灯是否发亮，用手摸发热盘，感觉其是否发热。

怎样选购鸡蛋?

鸡蛋含有丰富的蛋白质，是生活中经常食用的食品之一，那么怎样选购鸡蛋呢？如何才能购买到新鲜的鸡蛋呢？下面告诉大家一些选购鸡蛋的方法。

现在农贸集市上供出售的鸡蛋主要有两种：体积稍小的是草鸡蛋，这种蛋不仅营养丰富，而且味道也鲜美；体积稍大的是肉鸡蛋，味道比前者略欠，因而价格也稍低。这些从鸡蛋的体积大小和价格的贵贱之上就能分辨。

当然，在选购鸡蛋时，最关键的是怎样从外形千篇一律的鸡蛋中区别出鲜蛋、陈蛋和坏蛋。一般来说主要有以下几种简单的方法。

一、看

用眼睛观察蛋的外观形状、色泽、清洁程度。质量较好的鲜蛋，蛋壳清洁、完整、无光泽，壳上有一层白霜，色泽鲜明。稍差的鲜蛋，蛋壳有裂纹、硌窝现象、蛋壳破损、蛋清外溢或壳外有轻度霉斑等。更次一些的鲜蛋，蛋壳发暗，壳表破碎且破口较大，蛋清大部分流出。不新鲜的鸡蛋，蛋壳表面的粉霜脱落、壳色油亮，呈乌灰色或暗黑色，有油样浸出，有较多或较大的霉斑。

二、听

将鸡蛋夹于两指之间，靠近耳边轻轻地摇晃，若声音实而贴蛋壳是好蛋，若发出瓦碴之声，便是臭蛋；有空洞之声的蛋，空头蛋可能较大。

三、嗅

可以用嘴向蛋壳上轻轻哈一口热气，然后用鼻子嗅其气味。质量佳的鸡蛋有轻微的生石灰味。而质量次一点的有轻微的生石灰味或轻度霉味。劣质鸡蛋则有霉味、酸味、臭味等不好闻的气味。

四、用盐水浸

由于新鲜鸡蛋较重，而陈蛋、坏蛋依次较轻，故可配成浓度10%左右的盐水将鸡蛋放入盐水中观察，鲜蛋沉底。大头朝上、小头朝下、半沉半浮的是陈蛋，浮于水中，而坏蛋、臭蛋则浮于盐水表面。

五、用光透视

将一只手握圆形用食指和拇指环握住鸡蛋，然后迎着光源（太阳、电灯光等）进行观察，新鲜鸡蛋呈微红色，半透明状态，且蛋黄轮廓清晰可辨；若看上去昏暗不透亮，看不清蛋黄的轮廓，或有污斑，则是陈蛋或蛋已变质。

除此之外，购买鸡蛋时除根据具体情况用以上方法挑选外，还要注意季节和节气的因素。俗话说“春天的蛋好当饭”，春天鸡下蛋勤，故鸡蛋易陈。另外，春天也是孵小鸡的季节，蛋是最大的卵，如果没有受精，孵化将不会有结果。而经孵化不成功的鸡蛋与普通的鸡蛋，从外表上来看没什么太大的区别，但本质上已有很大的不同，它的内部又基本成固态。那么如何来区别这两者呢？可借助于物理小常识：只须使鸡蛋在平面上旋转起来，固体的蛋旋转较快，而普通的蛋旋转较慢或很难旋转，以此可以进行区别。而夏天，一般食物较长时间摆放易变质，鸡蛋也相同，故挑选时，重点考虑鸡蛋是否变质。

怎样识别毛织物?

毛织物是服装面料中最难区别，它是文雅舒适的时装面料，它具有良好的保暖性、挺括的外观、柔和的手感，更加上品种丰富多彩，已成为春秋冬面料的主流。现在市场上常见的毛织面料有很多，而且同一品种还有原料的差异。怎样区别分辨呢?

总体来说，毛织面料有纯羊毛、羊毛混纺、纯化纤仿毛三大类。可以通过眼、手、鼻等感觉器官对面料进行直观的判定。

一、纯羊毛面料

1. 纯羊毛精纺面料——大多质地较薄，呢面光洁，纹路清晰，光泽自然柔和，身骨挺括，手感柔软而弹性丰富。用手紧握呢料后松开，基本无皱折，即使有轻微折痕也可在短时间内消退。

2. 纯羊毛粗纺面料——大多质地厚实，呢面丰满，色光柔和。呢面和绒面类不露纹底，绒面类织纹清晰而丰富。手感温暖、挺括且富有弹性。

二、羊毛混纺面料

1. 羊毛与涤纶混纺面料——表面有闪色感，缺乏纯羊毛面料柔和的油润感，毛涤面料挺括但有板硬感，并随涤纶含量的增加更明显突出。弹性较纯羊毛面料要好，但毛型感不及纯毛和毛腈混纺面料。紧握呢料后松开，几乎无皱折。

2. 羊毛与腈纶混纺面料——毛织感强，呢面丰满，质地轻柔，弹性较好。手摸时，温暖感和蓬松感较羊毛与涤纶混纺面料要好，但抗皱性和悬垂感不如它们。

3. 羊毛与粘胶混纺面料——精纺类手感较疲软，粗纺类手感松散。这类面料的弹性和挺括感不及纯羊毛和毛涤、毛腈混纺面料。粘胶含量高，面料容易皱折。

三、纯化纤仿毛面料

1. 粘胶人造毛仿毛面料——光泽暗淡，手感较疲软，缺乏挺括感。由于弹性较差，极易出现皱褶，且不易消退。从面料中抽出的纱线湿水后的强度比干态时有明显下降，这是鉴别粘胶类面料的有效方法。此外，这类仿毛面料浸湿后发硬变厚。

2. 涤纶仿毛面料——多为精纺类，光泽不柔和，闪色感强，手感挺括而有弹性，缺乏柔和感，没有纯毛面料温暖、丰满。紧握呢料后松开，几乎无皱折。揉搓时较滑爽，无纯毛面料的柔糯感。

3. 腈纶仿毛面料——质地轻盈、蓬松，手感温暖柔软，毛织感强，但色泽不够柔和，缺乏纯毛面料的弹性、挺括性，悬垂感不强，这类面料有一种特殊的腈纶气味。

除用感官鉴别外，在条件许可的情况下，也可结合其他办法进行区别，准确率会更高。

怎样选购皮革制品？

在寒风凛冽的冬季，我们总喜欢穿戴上皮革制品，这是因为皮革具有很强的抗风和保暖性能，是严冬御寒的理想面料。

皮革的种类很多，常见的有牛皮、羊皮、猪皮等。其特点分别是：牛皮革面光洁、细韧，抗断性强，但不耐磨；绵羊皮革面细洁柔韧，但革面松弛，且易起层；山羊皮革面光洁，拉力大，牢度强，韧性和弹性好，也不易起层；猪皮耐磨，透气性好，但革面粗，拉力小，没有柔韧感。还有一种是人造革，人造革是用人工的方法合成的。目前市场上的人造革大都是用聚氯乙稀、聚氨脂等树脂以及增塑剂制成的。用稳定剂加上各种颜料制成糊状，然后涂抹在棉布、化纤布上制成仿皮革的人造革，成本一般较低，在工厂能够进行大规模地生产。人造革制品有个最大的缺点，就是透气性能极差，容易产生水蒸气，使人产生闷热的感觉，很不舒服。

一、区分真皮和人造革

人造革和真皮的最大差别是，人造革是用人工的方法合成的，真皮取之于天然动物皮，是用牛皮、猪皮、马皮、羊皮等作原材料，经加工后制成的，其制作加工过程较为复杂，成本较高，但优点很多，如柔软性能好，光滑、平整，透气性能也极好，因为动物的外皮本身就有毛孔汗腺，冬天穿在身上既能保暖，又不感到闷热。那怎样区别真皮和人造革呢？

1. 看商标。一般的名牌生产厂家非常注重产品质量，而且在商标上注名某省某市某厂生产，有的还写上厂址、电话号码等。这些产品大都是货真价实的。而伪冒、掺假的产品，多数只在商标上写上某某省，如广东、上海等，一般不注明生产厂家、厂址、电话号码，当消费者一经发现上当受骗也无法查找，这些产品大都是人造革冒充真皮。

2. 看光泽。人造革与真皮表面都有光泽，但人造革的光泽亮中有些淡，用湿布擦后反光性能特别好，且能保持长久。而真皮制品则不同，真皮制品表面丰满，光滑细腻，用湿布擦后，虽增加些亮光，但不能保持长久。

3. 看毛孔。人造革本身不可能有像真皮一样的毛孔，但在制作过程中人们特意为人造革加上了一些毛孔，粗粗一看就像真皮，可是人造革的毛孔是在表面不深入，而且花纹、走向是固定的。真皮的毛孔一直深入皮里，有规律，也有变化，牛皮的毛孔细小呈圆形，分布紧而均匀，直入皮内；黄牛皮毛孔细小，水牛皮的毛孔稍微粗大一点；猪皮的毛孔又圆又粗，三孔一组排列，斜入皮内；马皮的毛孔是椭圆形，比牛皮毛孔稍大，比猪皮毛孔稍小，斜入皮内；羊皮的毛孔呈扁圆形，几根一组，斜入皮内。

4. 看断面。真皮的里外是一致的；人造革表面是塑料，里面是布或纤维，真皮的断面没有花纹，人造革的断面有波浪纹或者梅花形花纹等等。

二、挑选真皮革制品

1. 挑面料。如买皮鞋、运动鞋，则以牛皮、羊皮为上选；而挑选服装，则以羊皮为上品，羊皮中尤以山羊皮最为理想；如箱包则三者均可。

2. 检查革面质量。一般来说，革面光洁、柔韧、厚实，有拉力，富有弹性，色泽均匀、和顺就是好皮革。如皮鞋，要察看皮质毛孔是否细洁，花纹是否均匀，如果是彩色皮面还要看色泽是否一致，再看帮面是否清洁，皮鞋头部用食指揿一下是否有弹性、无折痕。

3. 察看做工。以皮夹克为例，挑选时就要察看领面革是否比领夹里革的宽度大一些，夹里下摆处是否有折储（俗称坐势），缝纫针脚是否平直，有无脱线、漏针等毛病。再如皮鞋，缝线、盖板腰挡支口线要整齐整洁，不跳针，前后帮脚的缝口要不开裂。

4. 试穿（戴）一下。如果选购的是皮鞋、皮夹克、皮手套等，除了检查质量外，均可以试穿或试戴一下，要注意尺码大小是否合体。如皮鞋，买大了，穿起来容易使鞋头部起皱，甚至开裂。买小了，则易挤脚，而且走起路来也不舒服。

只要我们细心观察，反复实践，就能摸索出一套选购皮革制品的方法来，生活中很多事情也都如此。

怎样辨识真假首饰？

首饰价格昂贵，利润也颇高，正因为如此，有些不法商人凭借高超的加工工艺，使真假首饰真伪难辨，鱼目混珠，以牟取暴利，坑害消费者。那么，怎样才能辨别首饰的真假呢？

一、黄金首饰的辨别

目前市场上出售最多、最受消费者青睐的是黄金饰品，辨识它的方法是：

1. 掂重量。黄金比铜、铝及其合金要重得多，把一件饰品放在手心掂掂，如有沉甸甸的感觉，表明它是真金。

2. 看颜色。俗话说："七青八黄九紫十赤。"就是说，24K 的纯金应呈红色，九成的黄金黄中带紫，只有八成的黄金才呈黄色，七成的则呈青色了。由于金不是活泼的金属，因而经得起时间的考验，即使变形、磨损了，颜色依旧，其他金属是达不到这个要求的。俗话说："真金不怕火炼。"真金首饰在火上烧也不变色，别的则不行。

3. 试硬度。首饰的含金量越高越柔软，24K 的黄金用大头针就能划出一道清晰的划痕，用牙咬也可以做到，假的黄金饰品即便划出了痕也是模糊的。

4. 听声音。黄金落地发出的是沉浊的声响，且不弹起，其他金属则是清脆的声音，且会弹起。

只有将以上这些办法综合运用，才能辨别出黄金首饰的真伪来。

二、钻石饰品的辨别

上等的钻石色泽纯真，透明纯净，反光性能好，且硬度高，是首饰中最昂贵的一种。钻石首饰由于都磨成了许多反光棱角，因而难以看到其真正的颜色。购买时可以对着首饰哈口气，使其不能反光，如果颜色白中透黄，则不是上等的钻石或是假钻石。目前市场上冒充真钻石的主要是水钻、人造钻石、玻璃钻等，由于反光性能差，将它们放在手心，都能看到手纹，而真钻石则不能，这是鉴别真假钻石的最简单的方法。当然最科学的还是运用仪器测试它的硬度。

三、珍珠饰品的辨别

珍珠的质量可以从光泽、颜色、形状、大小和瑕疵五个方面进行评价。珍珠的光泽取决于珠层的厚度，珠层越厚，光泽越好。优质珍珠表面应具有均匀的强珍珠光泽并带有彩虹般的晕色，劣质珍珠的光泽暗淡。珍珠的颜色十分丰富，其中白色最为常见，而粉红色和白色带有玫瑰色色彩的颜色最佳。不同地区和民族对颜色有不同的爱好，但无论如何，黑珍珠都是珍珠中的珍品。珍珠可有多种形状，圆形、梨形、长圆形、葫芦形及异形等，其中尤以浑圆无暇的“走盘珠”价值最高。同一等级的珍珠，体积越大，价值越高。珍珠和其他宝石一样，往往存在瑕疵，瑕疵越少，品质越佳。

鉴别珍珠真假有一种简单的方法就是凭手感，真的珍珠摸上去有一种凉阴阴的感觉，春夏秋冬都是如此，而塑料、玻璃珠子加工工艺再先进，也是做不到这一点的。

怎样选购安全灯具？

灯具是一种量大面广的电器产品，可以说，每一个人的生活都离不开它，随着人民生活水平的提高，住房条件的改善，对灯具的需求量较以往有增加。作为一种电器产品，首先是安全，其次是功能和寿命。

一、从灯具的外观鉴别

购买灯具时应首先察看灯具上的标记，判断其是否符合自己的使用要求。标记是指示人们正确安装、使用和维修的重要依据，是确保人身财产安全的极其重要的安全要求，标记安全是灯具安全性能中的基本要求，其中额定功率尤为重要，如一个设计为 40 W 的灯具，由于未标记额定功率，用户很可能装 60 W 或 100 W 的灯泡，就有可能造成外壳变形，绝缘损坏，甚至造成触电，还有可能引起火灾。标记是安全要求之一，不可轻视。

二、从防触电保护鉴别

使用时灯泡旋入，灯具通电后，人要触摸不到带电部件，不会存在触电危险。如果买的是白炽灯具（例如吊灯、壁灯），将灯泡装上去，在不通电情况下，如用小手指触摸不到灯泡上的灯头，防触电性能是基本符合的。如果是荧光灯具（例如嵌入式灯具、固定式灯具），装灯管和启动器时，在不通电情况下，如用小手指触摸不到带电部件，则防触电性能是基本符合的。造成灯具防触电不符合，一般是采用了不符合要求的灯座或灯具带电部件未加罩盖等防触电保护措施所致。

三、从灯具中用的导线截面积鉴别

标准规定灯具上使用的导线最小截面积为 0.5 mm^2，有的厂家为了降低成本，在产品上用的导线截面积只有 0.2 mm^2，在异常状态下，如荧光线路中启动电流跳不起来，整个线路就以启动电流工作，启动电流比正常工作电流大，会使电线烧焦，绝缘层烧坏后发生短路，产生危险。鉴别的方法为：购买时可以看一下灯具上的导线外的绝缘层印有的标记，导线截面积应至少 0.5 mm^2。

四、从灯具的结构鉴别

1. 导线经过的金属管出入口应无锐边，避免割破导线，造成金属件带电，产生触电危险。

2. 台灯、落地灯等可移式灯具在电源线入口应有导线固定架。其作用是：消除应力，以免导线受到拉力时，在接线端子上的导线脱落，造成金属外壳带电而导致触电；防止电源线推回时触及发热元件，以免导线过热造成绝缘层熔化，裸露的导线与金属壳体接触，外壳带电而导致触电。

另外，选购灯具时还应注意产品上标记：厂家名称、商标、型号、额定电压、额定功率等是否安全；打算安装于木质材料表面的吸顶灯、壁灯、台灯、落地灯，选打 F 符号标记的灯具；购买灯具时应认准 3C 认证标志；按防触电保护型式从低到高，灯具可以分为 0 类、1 类、2 类和 3 类，应尽量选购型式高的产品。

怎样选购自行车？

目前市场上的自行车五彩缤纷、品种繁多，看得人眼花缭乱。怎样选购自己喜欢而又轻巧灵便的自行车呢？

一、了解自行车的型号编制

自行车型号是由两个汉语拼音字母和两个或三个阿拉伯数字来表示的，第一个汉语拼音表示：

P——表示普通车

Q——表示轻便车

Z——表示载重车

S——表示赛车

X——表示小轮车

第二个汉语拼音字母则表示自行车的式样及车轮直径，列表如下：

车轮直径系列 mm 代号 型号	710	660	610	560	510	455	405
男式	A	E	G	K	M	O	Q
女式	B	F	H	L	N	P	R

拼音字母后面的阿拉伯数字表示工厂设计顺序号，由各厂家根据结构犁式不同自行安排如：QF68 型：即表示该车型为轻便型、车轮直径为 660 毫米的女式自行车，68 即为工厂设计这种车型的顺序号。

二、了解自行车的车型，按每天每次骑车的路况来决定选购适合自己的自行车

1. 按车架结构的不同，分男式和女式两种。

2. 按车轮直径大小的不同，分 710 毫米（28 英寸），685 毫米（27 英寸）、660 毫米（26 英寸）和 510 毫米（20 英寸）等几种。

3. 按前后闸型式的不同，分为普通闸、钳形闸、胀闸、脚闸、抱闸等几种。

4. 按变速结构不同可分为单速、双速和多速三种。

5. 按用途可分为普通型、轻便型、载重型、赛车型和小轮型五种。

三、购买自行车时通常采用“一看、二摸、三试”

一看：看欲购的自行车的造型，是否符合你的需要；看自行车的外观，如油漆件、镀铬件的新旧成色及平整光亮的程度等情况；看自行车整体的对称状况。

二摸：自行车车架、衣架及容易被人体碰擦的部位是否有锐边或不该有的突出物，油漆件、镀铬件表面是否有缺陷，如沙粒集结、流疤或

露底、露黄等。

三试：若对“一看、二摸”都满意，重要的还要试，先试车闸，车闸是否到位及是否能迅速复位，左右闸皮是否安装牢固和安装对称；再试前叉回转是否灵活，在左右摆动时是否有僵呆现象；然后试前后轮在转动时的偏摆情况，一般偏摆不可太明显；最后试前轴、中轴、后轴三道轴的转动是否灵活。

四、中学生选购自行车当然取决于各自的爱好，也可参考如下建议

1. 城市的男学生宜选购色彩较鲜的 QE 型轻便车，因为色彩较鲜艳（以红为主），骑在前面容易被别人发现，有利于避免交通事故。

2. 因为轻便车具有普通型和赛车型的性能，兼有普通型的平稳性和赛车型的轻快性的特点，车体较普通型轻，便于携带，适合城市中学生作为主要交通工具。

3. 城市的女学生宜购买 XN 型小轮车，因为它具有轻巧灵活、重心低、体积小、便于停放的特点。

4. 农村乡镇中学的学生，特别是丘陵地区的同学，因为路况较差，宜购买 PA 普通型，因为普通型的特点是坚固耐用，碰撞一下不易损坏。路程较远的学生宜购买 SC 赛车型。

总之，选购自行车首先要考虑到自行车的用途，还要考虑当地的路况，重要的还有家中的经济承受能力，最后才考虑到对自行车色彩及样式的爱好。

家务劳动篇

怎样拖地更干净？

居所地面是否清洁卫生，直接影响到人们的生活工作环境和身心健康。因为随着空气的流动和人的活动，室内外地面往往聚积灰尘和痰涕等杂物，成为病菌孳生和传播的媒介。因此，必须勤打扫地面，随时保持地面清洁卫生。

目前，室内地面一般分别由水泥、地板、地砖等建筑材料铺设。我们打扫这类地面，一般是先扫后拖，也就是首先扫除地面的灰尘和杂物，然后把地面拖刷干净。

在扫地和拖地时，要注意以下几点：

1. 扫地前，先做好室内的整理工作，把可折叠的桌椅折叠归拢，或将椅子、凳子反向搁上桌子，把不穿的鞋子放置于鞋架或鞋柜，尽量减少接触地面的物件，这样打扫地面就方便了。

2. 扫地时，为防止灰尘扬起，可先洒水，或将笤帚蘸水后再扫地。如果室内面积大，可分块作业，每扫一块，随即用簸箕清除一部分垃圾，以免灰尘垃圾在室内地面“旅行”。

3. 拖地，要根据不同的地面建筑材料采取不同的方法。水泥地面由于吸水性能较强，冲刷一二遍后可自然晾干；木板地面用水冲刷后，则必须拧干拖把，顺着地板的条形走向前后擦拭，擦净地板表面水分；釉砖地面表层光滑，无吸水性能，宜用湿拖把逐块擦拭。拖地的操作过程有一点是共同的，即拿拖把的人必须采取后退式，不能让自己的脚印污染清洁的地面。

4. 拖地不要留有死角。一般说，靠近门窗的地方足迹较密，要反复擦拭；家具底下的地面不要遗漏；地面的痰迹污垢要重点清除；厨房地面如有油渍，可用洗涤剂或碱水洗刷；打扫室内卫生的同时，不要忘了走廊、楼梯等公用地面的卫生。

5. 扫地拖地时，要打开门窗使室内空气流通。打扫完毕，要放置好清洁工具，拖把要洗净拧干挂在通风处使之尽快干燥。

怎样使用吸尘器？

家用吸尘器的种类、型号很多，但它们的使用方法基本相同，下面综合介绍一下吸尘器的使用方法。

1. 各种不同型号、规格的吸尘器，它们的结构性能、功能特点不尽相同。因此，对所选购的吸尘器在使用前必须仔细阅读使用说明书，避免因使用不当造成吸尘器的损坏，甚至危及人身安全。

2. 吸尘器应在海拔不超过 1 000 米，通风良好，环境温度不超过 40 ℃，空气中无易燃、腐蚀性气体的干燥室内或类似的环境中使用。

3. 使用前，应首先将软管与外壳吸入口连接妥当，软管与各段超长接管以及接管末端的吸嘴，例如，家具刷、缝隙吸嘴、地板刷等要旋紧接牢。因缝隙吸嘴进风口较少，使用时噪声较高，连续使用时间不应过长。

4. 接好地线，确保用电安全。吸尘器每次连续使用时间不要超过 1

小时，防止电机过热而烧毁。

5. 使用装有自动卷线装置的吸尘器时，把电源线拉出足够使用的长度即可，不要把电源线拉过头，若见到电源线上有黄色或红色的标记时，就要停止拉出。需卷回电源线时，按下按钮，即可自动缩回。

6. 吸尘器一般有两个开关，一个在吸尘器的壳体上，另一个在软管的握持把手上，使用时应先接通壳体上的开关，然后接通握持把手上的开关。

7. 平时使用应注意不要使吸尘器沾水，湿手不能操作机器。若被清洁的地方有大的纸片、纸团、塑料布或大于吸管口径的东西，应事先排除它们，否则易造成吸口管道堵塞。

8. 使用时，视所清洁的场合不同，可适当调节吸力控制装置。在弯管上有一个圆孔，上面有一个调节环，当调节环盖住弯管上的孔时，吸力为最大，而当调节环使孔全部暴露时，吸力则为最小。有的吸尘器是采用电动机调速的方法来调节吸力的。

9. 当发现储尘筒内垃圾较多时，应在清除垃圾的同时消除过滤器上的积灰，保持良好的通风道，以避免阻塞过滤器而造成吸力下降、电机发热及降低吸尘器的使用寿命。

10. 吸尘器使用一段时间后，由于灰尘过多地集聚在过滤带上，会造成吸力下降。此时可摇动吸尘器上的摇灰架，使吸力恢复。若摇动摇灰架仍不能使吸力恢复，说明桶内灰尘已积满，应及时清除。

怎样使用肥皂、洗洁精？

肥皂和洗洁精都是居家必备的去污剂。但人们在实际使用的过程中，常常因使用不当，不能获得良好的去污效果。那么应怎样使用肥皂与洗洁精呢？

一、明确它们的化学成分和去污原理

肥皂通常是利用油脂与烧碱在高温下起皂化反应而制成的；洗洁精由多种表面活性剂配制而成。它们之所以能去污，是因为它们的分子结构中，一部分能溶于水，叫“亲水性”，另一部分不溶于水，而溶于油，叫“亲油性”。洗涤时，肥皂和洗洁精分子中的亲油性部分就与污迹结合，互相溶解，而亲水部分就随着亲油的部分，在污迹外面的水里溶解，最后污迹被水冲掉，物品就被洗干净了。

二、明确它们的洗涤范围和用法用量

肥皂碱性较强，适宜洗涤耐碱的棉麻织物，而羊毛、人造丝、人造棉、腈纶等织物不耐碱，则不宜用肥皂洗涤；洗洁精适用于各类餐具、茶具、厨房用具、水果、蔬菜以及卫生设备的清洗。

刚买回来的肥皂含水分较多，应风干了再用，可减少摩擦损耗。使用时，先将待洗的衣服或用品在清水里浸泡片刻，去掉灰尘，然后擦上肥皂，过10分钟后再揉搓。擦肥皂以竖擦为好，可以减少损耗。擦后不要把肥皂浸在水里，避免溶解和软化。而使用洗洁精时，也应把待洗的器具和瓜果在清水里浸泡片刻，再置于稀释后的洗洁精溶液中，用抹布或刷子清洗。

用肥皂和洗洁精洗涤过的物品都容易漂洗，但如果使用过量，不但不易漂洗，而且还会影响洗涤效果，这是为什么呢？原来肥皂和洗洁精都只有在一定浓度下才能显出最大的表面活性，因而这时的去污效果也最好。一般来说，肥皂水的浓度以0.2%～0.5%，洗洁精浓度以0.1%～0.2%为宜。

此外，在使用过程中还须知道：

1. 不宜用肥皂洗涤食用器具，因其所含化学成分食用后不利于身体健康。

2. 不宜用肥皂洗脸洗头，肥皂中所含碱性物质会损坏皮肤的弹性和滋润性，影响发质。

3. 肥皂不可与洗衣粉同时使用，因为会产生酸碱中和反应，影响去污能力。

4. 丝、毛物品不宜在洗洁精溶液中浸泡时间过长，否则会损坏丝、毛质地。

胶印痕迹顽固，怎么办？

生活中经常会遇到这样的困扰：粘在桌面、玻璃或者杯子表面的胶带撕掉后，就会留下黏黏的、很难去掉的印迹，影响美观不说，时间久了附着一层灰尘，显得也很不卫生。这里有几个小妙招可以解决这个困扰。

一、洗甲水清除胶印

不管“历史”多悠久，面积多大的胶印，滴一些女孩子清洗指甲油用的洗甲水，浸泡一会儿，再拿纸巾擦拭，保证物品表面光洁如新。但有一个问题，由于洗甲水有很强的腐蚀性，不能用在怕腐蚀的物品表面，例如漆面家具、笔记本电脑外壳等，所以，用洗甲水去除胶带痕迹虽然百试百灵，但一定要注意保护留有痕迹的物品不受腐蚀。适用范围：胶印存在时间久、面积大、难清洁并且不易受腐蚀的物品表面。

二、吹风机加热胶印

吹风机开到最大热度，对着胶带痕迹吹一会儿，让它慢慢变软，然后用硬一点的橡皮擦或者柔软的抹布擦掉。适用范围：适用于胶带痕迹比较小，而且胶印存在时间比较久的物品，但物品要有足够的耐热性。

三、医用酒精浸泡胶印

在痕迹表面滴一些医用酒精，浸泡一会儿，然后用软布或者纸巾擦掉即可。当然，留有胶带痕迹的物品必须不怕酒精腐蚀才可以。同样，如果你有过期不用的香水或者收敛性质的化妆水，也可以用来替代酒精，因为它们里面都有一定的酒精成分。适用范围：不易被酒精腐蚀的物品表面。

四、橡皮擦擦除胶印

小时候上学时经常用这种方法，用橡皮擦擦拭，橡皮碎屑正好可以将黏胶痕迹给粘下来。适用范围：用于小面积而且是新留下的痕迹，对于大面积的胶带痕迹就徒劳无功了。

五、省时省力的“去胶剂”

“去胶剂”又叫做“不干胶清除剂”，在一些汽车配件商店就有卖，喷一喷痕迹部分，很快就能擦掉。适用范围：大面积的难去除的胶印，但如果平常不是经常遇到胶带痕迹这种困扰，就没必要特地买一瓶了，用前面任意一个小妙招就可以了。

此外，护手霜也可达到去除不干胶的效果，护手霜中含有大量的水(一般在70%以上)，水中含有一定量的表面活性剂。表面活性剂具有良好的润湿、渗透、溶解能力，可以很快渗透到不干胶和物体表面之间，从而达到清除的目的。你也可以发现一些类似的产品，如面霜、洗面奶、洗涤灵也有同样的效果。

上面说到的胶印基本上都是在比较硬的东西表面，如果是在比较松软的东西表面，那么该如何处理呢？

如果衣物上沾染了万能胶渍，可用丙酮或香蕉水滴在胶渍上，用刷子不断地反复刷洗，待胶渍变软从织物上脱落后，再用清水漂洗。含醋酸纤维的织物切勿用此法，避免损伤衣物面料。如果衣物上沾染了胶水之类的污渍，可将衣物的污染处浸泡在温水中，当污渍被水溶解后，再用手揉搓，直到污渍全部被搓掉为止，然后再用温洗涤液洗一遍，最后用清水冲净。

地毯、纤维上的胶带渍可以先用刮具轻轻刮掉多余的固体或结块黏性污渍。然后，使用干洗剂或去污剂清洗。如果仍有污渍，在污渍上倒适量干性去污剂，并用浸有去斑剂的吸水垫覆盖污渍。吸水垫吸附污渍后应进行更换。覆盖的时间要足以清除污渍，同时让污渍和吸水垫保持湿润。然后，用蘸有干洗液的海绵从污渍中心向外轻轻擦拭，直到清除干净。

要清除皮革上的胶带渍，先小心刮除污物，然后用布或海绵蘸取中性肥皂水轻轻擦拭，直到清除所有残留物。最后，用干净的布擦干。污渍清除后，使用皮革清洁保养剂或特殊肥皂对皮革加以保养。

衣服上有多种污渍，怎么办？

一、衣服上的霉点、霉斑去除方法

1. 去除呢绒织物上的霉迹，须先将衣服挂在阴凉通风处晾干，再用棉花蘸些汽油在霉迹处反复擦拭。汽油用量不可太多，要从周围向中心擦拭，用力不可太猛，以免损伤衣料。

2. 丝绸织物上的霉迹，轻微者一般用软刷就可刷去。由于霉菌有沾黏性，须将衣服晾干后再刷，并且不能用潮湿的刷子。霉迹较重的，可将衣服平铺在桌上，用喷雾器将稀氨水喷洒在霉斑上，过几分钟，霉斑即会自行消失。白色丝绸织物宜用50%酒精擦洗。

3. 化纤织品如涤纶、锦纶、腈纶、氯纶、丙纶等织品上有了霉斑，较轻者可用酒精、松节油或5%氨水擦拭除去。若是陈旧的霉迹，可涂上氨水，过一会儿，再涂高锰酸钾溶液，最后用亚硫酸氢钠溶液处理和水洗。也可先用溶解了肥皂的酒精擦洗，再用5%小苏打水、9%双氧水擦洗，然后用清水洗净。

4. 清除棉织品上的霉迹，可先将衣服在日光下晾晒，干后用毛刷刷去。亦可用冬瓜、绿豆芽擦除。白色棉织品可在10%漂白粉液中浸泡1小时后擦除。

二、衣服上的汗渍、尿渍、血渍、呕吐渍去除方法

1. 汗渍。汗渍是由汗液中所含的蛋白质凝固和氧化变黄而形成的。洗涤汗渍时忌用热水，以防蛋白质进一步凝固。一般新渍可用5%～10%食盐水浸泡10分钟，再擦上肥皂洗涤。陈旧的汗渍可用氨水10份，食盐1份，水100份配成的混合液浸泡搓洗，然后用清水漂洗干净。白色织物的陈旧汗渍，用5%大苏打溶液去除。毛线衣物上的汗渍可用柠檬酸液揩拭。

2. 尿渍。尿中所含成分与汗液相近，故亦可用食盐溶液浸泡的方法来洗涤。此外，白色织物上的尿渍，可用10%柠檬酸液润湿，1小时后用水洗涤。有色织物上的尿渍，用15%～20%的醋酸溶液润湿，1～2小时后再用清水洗涤除去。

3. 血渍。新鲜血迹中的蛋白质尚未凝固，即可用冷水（不能用热水）洗，再用加酶洗衣粉或肥皂液洗涤。陈旧的血渍可用10%氨水揩拭，再用冷水洗涤。如还不能除去，可用10%～15%的草酸溶液洗涤，亦可用硼砂2份、氨水1份、水20份的混合液揩拭除去。

4. 呕吐渍。呕吐渍可用10%氨水将污渍润湿、揩拭即能除去。如再有痕迹，可用酒精肥皂液揩拭。

三、墨水和圆珠笔油的去除方法

红墨水、蓝墨水和蓝色或红色的圆珠笔油都是由各种染料配成的，它们所造成的污渍都可以用2%浓度的高锰酸钾溶液褪掉。因为高锰酸钾

溶液能够把这些染料氧化而使之褪色。使用时只要将这种溶液滴于污迹处，然后再在上面滴几滴 3% 双氧水即可将污渍除去。

对于上述各种污渍，还有以下一些比较有效的办法：

1. 红墨水渍可先用洗涤剂洗，再用 10% ~20% 酒精液揩拭或浸泡。

2. 蓝墨水渍可用 2% 草酸液揩拭，亦可用维生素 C 1 粒，润湿放在污渍处揉搓即除。白色织物还可用 10% 氨水和碱液，或 10% 柠檬酸液揩拭除去。

3. 圆珠笔油渍可用肥皂洗涤后，再用 95% 酒精、苯或丙酮揩拭洗去。

4. 墨汁可先将墨汁润湿，用米饭粒、薯类和洗衣粉调匀的糊状物涂在污渍处搓擦，再水洗。如仍有斑迹，可用 10% 草酸、柠檬酸、酒石酸液除去。亦可用杏仁、半夏、生鸡蛋捣成稀泥涂抹，3 分钟后水洗除去。

不会使用洗衣机，怎么办？

洗衣机是现代家用电器中很重要的一种，现在在城市和农村中都比较普及。洗衣机的种类很多，有滚筒式的、喷淋式的、波轮式的等等。目前，一般家庭使用最多的是波轮式双桶洗衣机。双桶中的一个桶是洗衣桶，另一个是脱水桶。洗衣桶里的波轮由定时器控制，每分钟 1000 转左右，带动水和衣物涡转，与桶壁撞击、摩擦、振荡，从而洗掉衣服上的污垢。

使用洗衣机前先要接好进水管、排水管，机壳上的接地螺钉最好用一根导线跟自来水管相接，以防触电。最后插上电源。

洗衣机洗衣服的一般过程是这样的：

一、预洗

把要洗的衣物放入洗衣桶内，总重量不要超过机器的承载量，一般不超过2.5千克。注入适量的清水，开动洗衣机定时按钮，洗五分钟排去脏水。也可把洗衣粉倒入桶中，加入适量的温水，拌和洗衣粉，再放入浸湿的待洗衣物，浸泡一两个小时。

二、洗涤

先把衣物较脏的部位，如袖口、领子等地方，擦上肥皂，用手搓洗一遍，然后再把衣物放入洗衣桶里，放入相当于衣物重量20～40倍的清水，加入适量的洗衣粉，开动机器洗涤。洗多少时间要看衣物的厚薄和脏的程度来定。一般5～15分钟即可，洗完后放去脏水。

三、漂洗

用洗衣粉洗过的衣物，必须用清水漂洗。漂洗时洗衣桶只放清水，漂洗3～5分钟，反复漂洗三次就可以了。然后用手检查一下，看看是否还有滑腻的感觉或者较强的肥皂粉气味，如果有就再漂洗一次。

四、脱水

洗净后的衣物放入脱水桶中脱水。衣物要在桶的四壁放均匀，不能一边多一边少，否则脱水机开动时，会引起剧烈晃动，容易损坏机器。为了洗清衣物，最后漂洗一次脱水一次，也可以在脱水桶里喷淋，脱水，喷淋，脱水……这样既省水，又可将衣服洗干净。

不会洗衣服，怎么办？

洗衣服不是简单地把衣服扔到洗衣机里，或者就用手搓搓就可以了，洗衣服这件小事里其实是有大学问的。下面就来为大家介绍下洗衣服的正确步骤。

一、洗前准备

1. 分类。按颜色分类：首先将深色或鲜艳衣服挑出，不可与浅色混洗（因深色类的衣服有掉色的可能性）；按厚薄分类：丝织物、轻薄网状织物、内衣、袜子、针织品或容易变形服装最好不用机洗，避免损伤；按纤维原料分类：含毛绒或特殊布料应挑出干洗，否则会引起缩绒、变形。

2. 检查衣物。检查服装口袋内是否有物品（避免洗涤时污染服装或磨损机器）；有特殊污垢的服装应先去渍处理后再与同类衣服洗涤；要脱落的部件、附件、饰物等应缝牢后再与同类衣服洗涤，避免脱落；有钮扣或挂链的服装，洗涤时应将衣服扣好或合上拉链，避免变形。

二、洗涤温度

根据洗涤剂的性质：含非离子型表面活性剂的洗涤剂，最佳洗涤温度为60 ℃以下，超过此温度将会影响去污效果；含阳离子型表面活性剂的洗涤剂，最佳洗涤温度为60 ℃以上，低于此温度将会影响去污效果。

三、洗涤方法

1. 先浸后洗。洗涤前，先将衣物在流体皂或洗衣粉溶液中浸泡10～14分钟，让洗涤剂与衣服上的污垢脏物起作用，然后再洗涤。这样，可使洗衣机的运转时间缩短一半左右，电耗也就相应减少了一半。

2. 分色洗涤，先浅后深。不同颜色的衣服分开洗，不仅洗得干净，而且也洗得快，比混在一起洗可缩短1/3的时间。

3. 先薄后厚。一般质地薄软的化纤、丝绸织物，四五分钟就可洗干净，而质地较厚的棉、毛织品要十来分钟才能洗净。厚薄分开洗，比混在一起洗可有效地缩短洗衣机的运转时间。

4. 额定容量。若洗涤量过少，电能白白消耗；反之，一次洗得太多，不仅会增加洗涤时间，而且会造成电机超负荷运转，既增加了电耗，又容易使电机损坏。

5. 用水量适中，不宜过多或过少。水量太多，会增加波盘的水压，加重电机的负担，增加电耗；水量太少，又会影响洗涤时衣服的上下翻动，增加洗涤时间，使电耗增加。

6. 正确掌握洗涤时间，避免无效动作。衣服的洗净度如何，主要是与衣服的污垢严重程度、洗涤剂的品种和浓度有关，而同洗涤时间并不成正比。超过规定的洗涤时间，洗净度也不会有大的提高，而电能则被白白耗费了。

四、洗衣大误区

很多人洗衣服都喜欢将衣服泡上一整天，大量地用肥皂、洗衣粉，力求衣服可以洗得干净，事实上这些都是错误的行为，下面就来了解一下洗衣服的六大误区：

1. 久泡。

据测试，衣服纤维中的污垢在水中浸泡 14 分钟左右会有效地渗透，这时最容易洗干净，若浸泡太久，洗起来反而更费时费力。

2. 洗衣粉越多越干净。

洗衣粉只有在一定浓度下，才能显示应有的表面活性。如果过浓，它的去污能力会减弱。

3. 洗衣过程中续添洗衣粉。

在洗衣服过程中续添洗衣粉，只会使洗衣粉白白溶于已经洗污的水中，失去应有的作用。

4. 肥皂、洗衣粉一起用。

洗衣粉呈碱性，一般肥皂呈弱酸性，二者合用可发生中和反应，反而达不到去污的目的。

5. 洗衣粉和消毒液一起用。

许多人在洗衣服时，为了除菌都习惯加点消毒液，有些人干脆把洗衣粉和消毒液同时放进洗衣机里。其实，这样不但起不到杀菌效果，对人的健康也有危害。若将含氯的消毒液与含酸的洗衣粉混用，会导致氯气产生。当氯气浓度过高时，会刺激人的眼、鼻、喉等器官，严重时还会损伤人的心肺组织，甚至危及生命。

6. 水温越高越好。

洗衣服的水温也不是越高越好。因为我们常用各种含酶洗衣粉，其中的酶制剂主要有碱性蛋白酶和碱性脂肪酶。碱性蛋白酶用于分解蛋白质类污物，如汗渍、血渍等；碱性脂肪酶则主要作用于脂肪酸及其酯类污物，也就是我们通常所指的油污类。两种酶的活性高低与温度有关，大约 40 ℃为最适合。温度过高或过低都会降低酶的活性。

怎样洗涤羽绒服装？

轻盈柔软、保暖性强的羽绒服装，是目前颇为流行的高档冬衣，其面料一般是尼龙或涤棉，填料有鸭绒、羊绒等，也有采用腈纶棉或中空纤维的。穿着羽绒服装，应尽量少洗涤，一般情况下每隔 2 ~ 3 年洗涤一次即可。洗涤这类衣服时有四忌：一忌碱性物，二忌用洗衣机搅动或用手揉搓，三忌拧绞，四忌明火烘烤。一般可根据衣服脏的程度采取以下的洗涤方法：

1. 如果羽绒衣不太脏，尽量不要采用水洗。只要用毛巾蘸汽油在领口、袖口、前襟等处轻轻揩拭。去除油污后，用干毛巾在沾有汽油处重新揩拭，待汽油挥发干净后即可穿用。

2. 如果羽绒衣比较脏，只好采用整体水洗的方法。其洗涤步骤为：

（1）先将羽绒衣放入冷水中浸泡。

（2）每件羽绒衣用 2 汤匙左右的中性洗衣粉，倒入水温为20 ~ 30 ℃的清水中搅均。中性洗涤剂对衣料和羽绒的伤害最小，使用碱性洗涤剂，如果漂洗不净，残留的洗涤剂会对羽绒服造成损害，并且容易在衣服表面留下白色痕迹，影响美观。

（3）将已在冷水中浸泡了20分钟的羽绒衣取出，平压挤去水分（不可拧绞），放入上述洗涤液中，浸泡5~10分钟。

（4）将衣服从洗涤液中取出，平铺于干净台板上，用软毛刷蘸取洗涤液轻轻洗刷。洗刷时，先刷里，后刷面，最后刷两个袖子的正反面（即越是脏的地方越要放在后面刷），特别脏的地方可撒上少量洗衣粉刷几下。

（5）刷洗干净后，将衣服放在原洗涤液内上下拎涮几下，在30℃左右的温水中漂洗2次后，再放入清水中漂洗3次，以彻底除去洗涤剂残液。漂洗时切忌揉搓，以免羽绒堆拢。

（6）将漂洗干净的衣服用干浴巾包卷后轻轻挤吸出水分，然后放在阳光下晒，或者挂于通风处晾干均可。晾晒时应勤加翻动，使其充分干透。晾晒干透后，用光滑的小木棍轻轻拍打衣服反面，即可使羽绒恢复蓬松柔软。

如果羽绒衣的填料是蒲绒、丝棉之类，则不宜采用上述水洗法，只能采用干洗。如果衣服上只是少数或个别地方沾上油渍，也可在临睡前以少量面粉调制成糊状，用冷水冲调后涂在油渍上。第二天早上用刷子蘸清水刷去粉末，油渍便可除去。

怎样洗涤羊毛衫？

羊毛衫因其轻薄柔软、保暖性强、穿着舒适等优点，越来越受到大家的喜爱。羊毛衫的原料是羊毛，羊毛是天然纤维，化学上称为动物性的蛋白纤维，具有弹性好、吸湿性强的特点。把羊毛加工成羊毛衫之类的纺织品后，这种纺织品具有一定的内在张力。也就是说，在加工过程中，要受到拉力作用，这时，存在于其内部而垂直于与相邻部分的接触面上，有相互的牵引力。这类纺织品一旦落水后，就会发生收缩，这就是人们通常所说的“缩水”。因此，我们洗涤羊毛衫时应注意：

1. 先将羊毛衫放在清水中浸泡 10 分钟左右，过掉脏水，再放在调和好洗涤剂的温水（40 ℃以下）中浸泡，不能与其他质地的衣物混杂。

2. 因羊毛衫耐碱性很差，如果用普通碱性强的洗涤剂会影响纤维强度，所以一定要选用中性皂或高级合成洗衣粉。用量多少，可视羊毛衫穿着时间，但一定要用清水漂净。

3. 洗涤羊毛衫时，应采用大把轻揉、轻挤压的手法，而不能像洗其他质地的衣服那样用力，更不能放在搓衣板上或洗衣机内洗涤。在洗涤过程中，要避免拉、提羊毛衫。

4. 漂洗干净后的羊毛衫，切忌用力绞干，或放置甩干机内甩干，因为这样会使羊毛衫变形。应采用揿、挤、压或用毛巾卷裹后揿压的方法，使水分大致泄出。然后将羊毛衫放进不褪色的网兜或干净的竹篮内，使其水分完全沥干，再晾晒。

5. 晾晒时应注意：（1）宜选用有肩托的衣架，衣领部分不能扯紧，宜松。(2) 衣衫应翻挂，置通风干燥处，避免直接在阳光下曝晒。一般应给衣衫长度、衣领、袖口等处作些适度调理，保持羊毛衫的原形。调理时要注意两手用力要匀，部位应相称，忌横向拽拉。(3) 羊毛衫洗净晾干后，趁其还有点湿时，把它平铺于台面上，再用温度适当的熨斗熨平，而且边熨边用手拉，使羊毛衫恢复张力，得以舒展。

6. 羊毛衫上一般常见污迹的处理：

（1）墨渍。浸透后，先用洗衣粉和饭粒一起揉搓，然后用纱布或脱脂棉揩拭。如果是白色羊毛衫，上面还留有墨斑迹，可再用较浓的洗涤剂和酒精溶液揉洗。

（2）水果渍。用食盐水揉洗。如还有污迹，可用10%的甘油溶液洗。

（3）复写纸色渍。先用温洗衣粉液揉洗，再用汽油擦拭，然后用酒精擦除。

(4) 蜡烛油渍。用卫生纸上下垫衬在污渍处，用熨斗在纸上熨烫，使烛油融化后被纸吸收，再用汽油揩拭油渍迹。熨烫时，应注意温度适宜，并多准备几张垫衬用纸。

总之，无论何种处理方法，均应注意两点：洗涤污渍的时间越早越好，洗涤动作不能过猛。

7. 羊毛衫如穿着时间不长，洗涤方式可作以下处理：先将羊毛衫翻晒后，拍去灰尘。再将羊毛衫平铺在垫上布、毯的板上，羊毛衫上再铺上清洁的湿毛巾。用熨斗将湿毛巾熨干。羊毛衫的正背面也照上法熨烫过后，取衣架挂起晾干。

怎样晒衣服最好？

衣服不仅要洗得干净，还要会晒。可对大多数人来说，只注重了衣服怎样洗，晒衣服则是随便晒，事实上洗衣服重要，晒衣服也同样重要。正确的晾晒方法可以保持衣服的颜色鲜艳，大小不变。下面就具体地来讲解下如何晒衣服。

一般晒衣步骤：

1. 衣服最好不要在阳光下曝晒，应在阴凉通风处晾至半干时，再放到较弱的太阳光下晒干，以保护衣服的色泽和穿着寿命。

2. 晾晒衣服要注意风向。由于近年来城市空气污染严重，特别是靠近工厂区的下风处，空气中往往含有大量的粉尘，如果忽略了这一现象，就很容易使衣服沾上粉尘，影响穿着效果。

3. 晾晒衣服时不可将衣服拧得太干，而应带水晾晒，并用手将衣服的襟、领、袖等处拉平，这样晾晒干的衣服会保持平整，不起皱褶。

晾晒衣服还要根据面料的不同来选择适当的晾晒方法：

一、丝绸服装

洗好后要放在阴凉通风处自然晾干，并且最好反面朝外。因为丝绸类服装耐日光性能差，所以不能在阳光下直接曝晒，否则会引起织物褪色，强度下降。颜色较深或色彩较鲜艳的服装尤其要注意这一点。另外，切忌用火烘烤丝绸服装。

二、纯棉、棉麻类服装

这类服装一般都可放在阳光下直接摊晒，因为这类纤维在日光下强度几乎不下降，或稍有下降，但不会变形。不过，为了避免褪色，最好反面朝外。

三、化纤类衣服

化纤衣服洗毕，不宜在日光下曝晒。因为腈纶纤维曝晒后易变色泛黄；锦纶、丙纶和人造纤维在日光的曝晒下，纤维易老化；涤纶、维纶在日光作用下会加速纤维的光化裂解，影响面料寿命。所以，化纤类衣服以在阴凉处晾干为好。

四、毛料服装

洗后也要放在阴凉通风处，使其自然晾干，并且要反面朝外。因为羊毛纤维的表面为鳞片层，其外部的天然油胺薄膜赋予了羊毛纤维以柔和光泽。如果放在阳光下曝晒，表面的油胺薄膜会因高温产生氧化作用而变质，从而严重影响其外观和使用寿命。

五、羊毛衫、毛衣等针织衣物

为了防止该类衣服变形，可在洗涤后把它们装入网兜，挂在通风处晾干；或者在晾干时用两个衣架悬挂，以避免因悬挂过重而变形；也可以用竹竿或塑料管串起来晾晒；有条件的话，可以平铺在其他物件上晾晒。总之，要避免曝晒或烘烤。

地毯上有油渍，怎么办？

随着物质水平的不断提高，地毯正逐步进入千家万户，淡雅明快的地毯着实为居室增色不少，但有时粗心的同学们会一不小心使地毯沾上油渍，既影响了美观，又不利于清扫，因此清除地毯上的油渍就成了现实生活中不可缺少的学问。我们该怎样利用日常生活中可利用的条件去清除地毯上的油渍呢？现介绍几种方法。

一、吸收法

此法主要是利用油脂遇热易被熔化、易被吸收的原理。可准备一些吸水纸或卫生纸，将其撕成碎片，将家用电熨斗加热。先将撕碎的吸水纸或卫生纸洒在油渍处，使之充分接触，上面再覆盖一整张吸水纸或卫生纸，然后用电熨斗来回熨烫，遇热溶化后的油脂会被吸水纸或卫生纸吸收，反复几次，便可除净油渍。

二、擦洗法

油渍的主要成分是油脂即高级脂肪酸的甘油脂，脂类物质不溶于水，然而可利用油脂溶于汽油、酒精、丙酮、四氯化碳等有机溶剂的特性擦洗掉油渍。

可准备一小瓶上述有机溶剂和一些棉球或软布，在油渍处用棉球或软布蘸一些有机溶剂循环擦洗，擦洗时应不断转动棉球或软布，且由油渍边缘向中心擦洗，反之则会扩大油渍的范围。注意，要及时更换脏棉球和软布。油渍除净后，有机溶剂会自行挥发掉。

三、水浸法

油脂虽不溶于水，但遇到温水却可浮在水面。据此可以将有油渍的部分放入温水浸泡，油脂会慢慢悬浮水面，油渍便会除去。然而这种方法一般只限于地毯的边边角角，不宜多用。

总之，清除地毯的油渍要尽量利用家庭现有的条件，这样既快又方便。

蔬菜应该怎样洗？

虽然你每天都在洗菜做菜，但你未必知道如何洗菜才是正确的。有人洗菜时，喜欢先切成块再洗，以为洗得更干净，但这是不科学的。蔬菜切碎后与水的直接接触面积增大很多倍，会使蔬菜中的水溶性维生素如维生素 B 族、维生素 C 和部分矿物质以及一些能溶于水的糖类溶解在水里而流失。同时蔬菜切碎后，还会增大被蔬菜表面细菌污染的机会，留下健康隐患。因此蔬菜不能先切后洗，而应该先洗后切。

比较合适的洗菜方法有以下几种：

一、清水浸泡洗涤法

这种方法主要用于叶类蔬菜，如菠菜、生菜、小白菜等。一般先用水冲洗掉表面污物，然后用清水浸泡，浸泡不少于 10 分钟。必要时可加入果蔬清洗剂，增加农药的溶出。如此清洗浸泡 2 ~ 3 次，基本上可清除绝大部分残留的农药成分。食用卷心菜要切开浸泡。市民在吃卷心菜、西兰花等蔬菜前，应注意清洗浸泡。据上海师范大学生命与环境科学学院生物系李利珍教授介绍，菜粉蝶又名菜白蝶，其幼虫就是常见的菜青虫。全国各地均有这种虫，它是甘蓝菜、卷心菜、西兰花、菜花、长叶莴苣等十字花科蔬菜的严重害虫。虽然菜粉蝶本身并无害，但菜青虫咬食叶片，咬过的叶子创口易诱发软腐病。

二、碱水浸泡清洗法

大多数有机磷杀虫剂在碱性环境下，可迅速分解，所以用碱水浸泡是去除蔬菜残留农药污染的有效方法之一。在500毫升清水中加入食用碱5~10克配制成碱水，将经初步冲洗后的蔬菜放入碱水中，根据菜量多少配足碱水，浸泡5~10分钟后用清水冲洗蔬菜，重复洗涤3次左右效果更好。

三、淡盐水浸泡清洗法

一般蔬菜先用清水至少冲洗3~6遍，然后泡入淡盐水中浸泡1小时，再用清水冲洗1遍。对包心类蔬菜，可先切开，放入清水中浸泡2小时，再用清水冲洗，以清除残留农药。

四、淘米水清洗法

淘米水属于酸性，有机磷农药遇酸性物质就会失去毒性。在淘米水中浸泡10分钟左右，用清水洗干净，就能使蔬菜残留的农药成分减少。

五、日照消毒法

阳光照射蔬菜会使蔬菜中部分残留农药被分解、破坏。据测定，蔬菜、水果在阳光下照射5分钟，有机氯、有机汞农药的残留量会减少60%。方便贮藏的蔬菜，应在室温下放两天左右，残留化学农药平均消失率为5%。

六、加热烹饪法

氨基甲酸酯类杀虫剂随着温度的升高，分解会加快，所以对一些其他方法难以处理的蔬菜可通过加热去除部分残留农药。常用于芹菜、圆白菜、青椒、豆角等，先用清水将表面污物洗净，放入沸水中 2 ~5 分钟捞出，然后用清水冲洗 1 ~2 遍后置于锅中烹饪成菜肴，可清除 90% 的残留农药。

七、清洗去皮法

对于带皮的蔬菜如黄瓜、胡萝卜、冬瓜、南瓜、茄子、西红柿等等，可以用锐器削去含有残留农药的外皮，只食用肉质部分，既可口又安全。

八、储存保管法

农药在空气中随着时间的推移，能够缓慢分解为对人体无害的物质。所以对一些易于保管的蔬菜，可以通过一定时间的存放，来减少农药残留量。如冬瓜、南瓜等不易腐烂的品种一般应存放 10 ~15 天。同时建议不要立即食用新采摘的未削皮的瓜果。

怎样学会煮米饭?

煮米饭虽然简单，但其中也包含不少学问。如何煮好米饭呢?

一、要会识别米的种类以及新米和陈米

米是由稻谷经碾制脱壳而成，按性质可分为籼米、粳米和糯米三类。籼米，又称中米，其特征是颗粒呈细长形，横断面为扁圆形，呈灰白色，半透明的较多（也有不透明的和透明的)。硬度中等，制成的米饭黏性比较小，体积膨胀较大，所需的水分较多，口味较差。粳米，又叫大米，其特征是颗粒呈短圆形，横断面接近圆形，色泽蜡白，透明的和半透明的较多。它的特点是硬度高，制成的米饭黏性高于籼米而低于糯米，膨胀的体积低于籼米而高于糯米，做成的饭柔软香甜。糯米，又称江米、

茶米，其特征是粒形宽厚，色泽呈乳白色，横断面近似圆形；也有一种粒形细长，质量较差。糯米的特点是硬度低黏性大，最适于制作点心。

不管是籼米、粳米还是糯米，新鲜的有正常的香味，有光泽，无米糠及虫蛀现象。而陈米则缺少香味，色泽暗淡发黄，有米糠及虫蛀现象。

二、根据米的性质确定煮米饭加水的量

一般来说，同样数量的米煮饭时，需加水的量以籼米最多，粳米次之，糯米再次之。因为籼米中的淀粉在受热膨胀糊化时所需吸收的水分最多，而粳米要少一些，糯米就更少了。同样数量的新米和陈米，煮饭时新米所需加水量就少些，而陈米则要多些，其主要原因是新米中含水量较大，而陈米的含水量较小。

以新米为例，一般籼米和水的比例约为1∶2，粳米约为1∶1.5，糯米约为1∶1。但由于不同地区生产的米质不同，其加水量要适当增减。

三、煮饭时注意火候

洗净的米，加入适量的水，烧至煮沸，见水分开始收干时，改用小火焖十分钟左右。焖时，转动饭锅使接火点不断变换位置，这样受热均匀。因为饭接近成熟时，传热较慢，不变换接火点，就会烧焦。煮饭从化学上讲是米中的淀粉受热吸收水分，并逐渐糊化的过程，需要一定的时间才能完成，改用小火，使糊化作用充分进行，米饭吃起来既黏又香。如果不用小火，烧出的饭会夹生。如果仍用大火，则会把饭烧焦。

目前，家庭中使用的电饭锅烧饭十分方便，只要按锅上的刻度量来放水，接通电源即可。

不会宰杀家禽，怎么办？

家禽主要有鸡、鸭、鹅、菜鸽、鹌鹑等，是餐桌上常见的佳肴。但

以家禽做菜首先要进行宰杀。宰杀家禽这道工序非常重要，直接影响到制成的菜的质量。例如，宰杀的家禽血未放尽，烧出来的家禽则颜色暗红，既影响菜的质量，又影响美观，从而降低人们的食欲。

那么，我们应当怎样宰杀家禽呢？

要把家禽宰杀好，关键在采取正确的姿势。宰杀时先用左手（虎口向前）握牢家禽的翅膀，用左手小指将家禽的右腿勾住，用左手拇指和食指紧紧捏住颈骨后面的皮向后拧转，右手在下刀处（一般靠近头部，在第一颈骨与第二颈骨之间）拔去一些颈毛，露出颈皮；这时左手的拇指和食指用力收紧家禽的颈皮，促使家禽的气管和食管向前突出，同时让手指捏到颈骨的后面，以防下刀时割伤手指。

右手持刀割断家禽的气管和食管（刀口要小）。宰杀后，迅速用右手捏紧家禽的头，使其头向下、尾向上，让血液流入事先准备好的小碗中。在放血时，抓住翅膀的左手应适当放松一些，以便使家禽的翅部血液能顺利流出，否则会造成瘀血，使翅膀的肉质变成暗红色。待血放尽后，家禽不挣扎时，将手松开。

家禽的宰杀要进行得干净利落，就一定要掌握正确的方法，否则就会手忙脚乱，甚至会沾上家禽血液或割伤手指。

家禽宰杀之后就要为其褪毛，但褪毛是一项颇费手脚的事，下面介绍为家禽褪毛的一点窍门：

1. 在宰杀时就为褪毛做一些准备。在宰杀之前，先给家禽灌进一二汤匙酒，使其肌肉放松、体表毛孔自然放开，这样褪毛时比较容易褪尽。宰杀鸭、鹅时，给它们灌一些凉水，并用凉水把鸭、鹅全身淋透，也一样有效。

2. 把握好褪毛时机。家禽宰杀后 15 分钟内必须烫泡褪毛，否则时间一长，死后的家禽机体会变僵变硬，表皮毛孔紧缩，毛不易褪尽。

3. 要掌握好烫泡的水温和时间。家禽的褪毛一般采用烫泡法，即把宰杀好的家禽放在开水中浸泡。水温一般在 90 ℃左右，烫的时间约 5 分钟，并要烫透。此外，还要根据家禽的老嫩和季节的变化等因素灵活掌握。比如一般质嫩的家禽应将水温降低一点，烫的时间稍短一些。而质老的家禽，要适当提高水温，延长烫泡时间。在冬季，水温可偏高，夏季水温可偏低一些，降至 80 ℃左右。不同的家禽烫的时间又有所区别，相比较而言，鸡烫的时间要短一些，鸭、鹅可稍微长一些。

4. 注意褪毛的方向。大的羽毛（如翅膀上的毛）要用手抓紧顺着毛孔拔出；而小的绒毛（如颈部、身体上的毛）要逆着毛孔用掌根推。

民间还有一些独特的褪毛法，如松香褪毛法。这种方法是先把家禽大毛去除，然后在锅中把松香化开，把难以褪尽的部位放入锅中沾上松香拿出，待冷却，剥去松香，小绒毛也随之剥落。

怎样去鱼鳞和鱼腥味？

鱼类，因为含有丰富的蛋白质、脂肪、无机盐和维生素等营养成分，在日常生活中越来越受到人们的青睐，已是厨房中重要的烹调原料。

鱼类品种很多，根据生活环境的不同可分咸水鱼和淡水鱼，所以它们的性质也就有所不同。有的鱼身上长着大片大片硬硬的鱼鳞，如骨片鳞一类的鱼，像大黄鱼、小黄鱼、鲤鱼、茸鱼等等。而有的鱼体表面鱼鳞退化成了细细密密的油脂层和腥气很重的黏液，像带鱼、鳗鱼、鳞鱼。那么加工时怎样处理它们呢？这就要我们根据实际情况来巧去鱼鳞了。

通常认为，刮鱼鳞用越锋利的刀越好，其实不然，因为这样很容易将按住鱼身的左手碰伤，应该用较钝的刀口或用刀背从尾部向头部推进，使鱼鳞因受外力作用而剥落。按照从尾部到头部的次序，依次用力刮鱼鳞，这种方法适用于容易去鳞的鱼或体形较小的鱼类。

但是常常有这样的情况，有的鱼尾部的鳞比较容易去掉，到鱼身部位就刮不动了，怎么办呢？可采用“蛙跳”的方法，隔几行刮掉一点后，再回到原来的地方再刮。这种化整为零、各个突破的方法，简便实用。

鱼腹部的鳞比较难刮，刮时要将鱼腹朝上，小心用力，防止伤鱼伤手。建议在左手处垫块抹布，既可防鱼体滑动，又可保护自己的手不被碰伤。

那么，带鱼的鱼鳞已经退化为银白色的油脂层，清除起来很油腻，不容易清洗干净，怎么办呢？这时我们可采用两种方法来进行处理。

1. 将带鱼放入 80 ℃左右的热水中约浸泡 10 秒钟，然后立即投进冷水中，用刷子刷一刷，或者用手捋一下，鱼鳞就随之去掉。

2. 如果带鱼表面较脏，可放进淘米水中擦洗，这样，就能很快将带鱼洗净。

鳗鱼和鳝鱼因鱼体表面布满了黏液，清除时可直接放入开水锅中洗去黏液和腥味，然后再使用清水洗净。而鳝鱼还有一种比较好的清除黏液的方法，即锅中加入凉水，加适量的盐和醋（加盐的目的是使鱼肉中的蛋白质凝固，加适量的醋则是去其腥味）。然后放入鳝鱼，并迅速将锅盖盖上，用大火将水烧开，直到烫至鳝鱼嘴巴张开。这时捞出放入冷水中浸凉，洗去其黏液。

一般来讲，鱼鳞是不好食用的，大部分都要去掉，但也有特殊的鱼类，是可以把鱼鳞保留下来的。比如新鲜的鲥鱼和白鳞鱼，它们的鳞中含有较丰富的蛋白质和矿物质，并且烹调后很易被人体消化吸收，且味道鲜美，故不需刮鳞。所以我们首先要了解清楚鱼的性质再进行初步加工，才会使它的营养成分不流失，并能保持特殊风味。另外，还有一类皮较粗糙、颜色不美观的宽体舌鳎、斑头舌鳎鱼，此类鱼在加工时先将腹部鳞片刮净，由背部鱼头处割一刀口，捏紧鱼皮用力撕下，然后再洗净即可。

淡水鱼常栖息在水底，由于水中腐殖质较多，很适应于微生物生长繁殖，所以鱼体表面、鳃部和消化道内附有大量细菌，其中放线菌在生长繁殖过程中分泌出一种土腥味的褐色物质，这些褐色物质会通过鱼腮进入血液中。那么，怎样才能除去鱼的土腥味呢？办法如下：

1. 鲜活鱼在食用前可在清水中放养一至两天，使之排尽腹中泥污，如在水中滴几滴香油效果更理想。

2. 在宰杀时，须刮鳞、去鳍、挖腮（但鲫鱼鳞下多脂肪、味鲜美，清蒸不宜去鳞），然后从胸部或背脊开膛，取出内脏，注意不能碰破苦胆（一般海鱼无苦胆）。鱼腹有一层黑膜，腥气重，应除干净。甲鱼斩杀后，把它放在 70 ℃左右热水中浸泡，除去黏液，刮尽裙边上的黑釉和老皮，因为黑釉和老皮腥味最浓。鲤鱼背椎骨两侧各有一条由头至尾的“酸筋”，又称“土腥线”，其土腥味更浓，宰杀后用牙签将“土腥线”慢慢挑出。

3. 将鱼宰杀洗净后，放在冷水中浸泡，并加入少量的醋、料酒、胡椒粉和白糖。由于糖有吸附作用，能吸附鱼体内的异味物质，冷水能把鱼体内的血液置换出来，加之料酒、醋、胡椒粉的作用，就能除去鱼的腥味。

4. 鱼经整理浸泡后，用清水多漂洗几次，直到把鱼体内的血液及其他异味物质全部清洗干净。

5. 在烹制过程中加适量的葱、姜、蒜、大茴香、花椒、白糖、料酒、酱油等调料，就能得到可口美味的佳肴。

另外，再介绍一种烹饪方法，根据鱼腥克膻，羊膻克腥的方法，把羊肉和鱼两者相合制成汤菜不膻不腥，又鲜又嫩，味道殊佳，老少皆宜。

不小心弄破鱼胆，怎么办？

由于胆汁具有苦味，如果在杀鱼时不小心弄破了鱼胆，使鱼肉沾上了胆汁，那么烧出来的鱼将极其苦涩，难以入口。

我们日常食用的淡水鱼，有青鱼、草鱼、鲢鱼、鳙鱼、鲤鱼、鳊鱼等等，其胆汁中含有胆汁酸、鹅去氧胆酸、鹅牛磺胆酸和鹅牛磺去氧胆酸等成分，有严重的苦味，并有溶血作用。而且，胆汁中还含有胆汁毒素，其性质比较稳定，不易被加热和被乙醇所破坏。鱼胆汁毒素进入胃肠后，首先到达肝脏和肾脏，导致肝脏、肾脏中毒，使肝脏毛细血管通透性增加，肾脏肾小管急性坏死，集合管阻塞和肝细胞变化，会导致肾功能衰竭，也能损伤脑细胞，造成神经系统和心血管系统的病变。由此可见，有时吃鱼胆会造成严重的食物中毒，甚至引起死亡。

因此，鱼胆弄破后，我们要及时进行处理，一方面要去掉鱼胆的苦味，另一方面要去掉鱼胆的胆汁毒素，防止食物中毒。可以从以下几个方面进行处理：

1. 用5%左右的纯碱溶液清洗，因为胆汁是呈酸性的，两者可以互相中和，去掉苦味。最后用清水清洗干净。

2. 用5%左右的小苏打溶液清洗，道理同上。最后用清水冲洗干净，鱼胆的苦味就去掉了。

3. 可用淘米水浸泡，然后用清水冲洗去掉苦胆味。

4. 用较多的黄酒进行清洗，因为胆汁易溶于酒精，最后用清水冲洗干净。

此外，民间有用酸醋涂抹的方法来去鱼胆苦味，根据以上分析是不可取的。

怎样清洗动物内脏？

因为猪、牛、羊的内脏等大都很污秽、油腻，带有腥臭味，如果洗不干净，就无法食用。因机体组织及内脏构造各有不同，洗涤方法也较复杂，可分为翻洗法、擦洗法、烫洗法、刮洗法、冲洗法、漂洗法等。甚至有些内脏必须经过几种洗涤方法才能洗干净。

一、翻洗法

此法主要用于洗涤肠、肚等内脏。因其里层十分污秽、油腻，如果不翻洗则无法洗净。洗大肠一般采用套肠翻洗法，就是把大肠口大的一头翻转过来，用手撑开，然后在翻转过来的大肠周围灌注清水，肠受水的压力，就会渐渐翻转过来，至里外完全翻转后，就可将肠内壁一些糟粕和污秽用力拉开，或用剪刀剪去，并用水反复洗涤干净。

二、擦洗法

一般用盐、矾擦洗，主要是为了除去原料上的油腻和黏液。例如，肠、肚在翻洗后，还要重新翻转过来，用盐、矾和少许醋在外壁上反复揉擦，以除去外壁上的黏液。

三、烫洗法

把初步洗涤的原料再放入锅中烫或煮一次，以除去腥臭气味。这种方法主要适用于有腥膻气味及血味过重的原料。将原料与冷水同时下锅煮烫，煮烫的时间应根据原料的性质及口味的不同而异。例如，肠、肚煮的时间要长些；腰、肝煮的时间短一些，水沸后即可取出，以保持脆嫩。冷水锅烫煮的作用，主要是使原料逐渐受热，外层不会因突然受热而收缩绷紧，有利于清除内部的血水和腥气味。

四、刮洗法

此法主要用刀刮去原料外皮的污秽和硬毛。洗脚爪一般用小刀刮去爪间污秽及余毛；洗猪舌、牛舌可先用开水浸泡，待舌苔发白时即可捞出，用小刀刮去白苔，再洗净。

五、冲洗法

此法又称灌水冲洗，主要适用于洗肺。肺叶的气管和支气管组织复杂，肺泡多，血污不易清除，因此洗肺时应将肺管套在自来水龙头上，将水灌入肺内，使肺叶扩张，血水流出，直灌至肺色转白，再破肺的外膜，洗净备用。

六、漂洗法

漂洗法就是用清水漂洗，主要适用于脑、脊髓等原料。这些原料嫩如豆腐，易损破，洗时一般应放在清水里，用一把稻草轻轻地剔除其外层的血衣和血筋，再用清水轻轻漂洗干净即可。

切葱头时总是流泪，怎么办？

提到洋葱，很多人都喜欢吃，但是提到切洋葱，令所有人都头痛，因为切洋葱会呛得人流眼泪，很少有人能控制得住。对此，我们应该怎么办呢？

葱头，又名胡葱、头葱、球葱，属百合科，为两年生或多年生植物。原产于伊朗、阿富汗，在我国栽培的历史较长，全国各地几乎均可生产，四季都有供应。葱头供食用的部位是地下肥大的鳞片组成的变态茎。根据其皮色可分为白皮、黄皮和红皮三种。白皮种，个体比较小，表面呈白色或略带绿色，肉质细嫩，汁多，辣味比较淡，品质较佳，适合于生食；黄皮种，个体中等大小，鳞片较薄，表面呈黄色，肉色白里带黄，肉质细嫩柔软，水分比较少，味甜，稍有辣味，品质最好；红皮种，个体较大，外表为紫红色或暗粉红色，肉白里带红，质地比较脆嫩（但不及黄皮种），水分多，辣味很重，产量最高，品质较差。

不同品种的葱头切破后的辣味都能使人的眼睛流泪，其主要原因是因为葱头中含有浓度较高的二硫化物，每100克葱头中一般含二硫化物37毫克。二硫化物也是葱、大蒜、韭菜中挥发油的主要成分，具有特殊的辛辣味和臭味，具有很强的杀菌防腐能力。二硫化物在加热条件下可还原成硫醇，使辛辣味消失而有甜味，其杀菌能力也大大下降。

我们在切葱头时可采用以下两种方法防止葱头刺激眼睛流泪。

1. 用一盆冷水放在旁边，刀沾了水后切葱头，这样可使二硫化物溶于水中而使辛辣味减轻，这样眼睛就不流泪了。另外，还可以在切洋葱前在菜刀上抹点植物油，切时就不流泪了。

2. 如果烹制的菜肴不要求突出葱头的辛辣味，可以将葱头放冷水锅中煮沸。这样，葱头内的二硫化物因受热而生成硫醇，辛辣味失去，再直接用刀将葱头切成所需要的形状，也就可避免使人流泪了。

怎样自发豆芽?

豆芽营养丰富，价格便宜，历史悠久。在著名的孔府菜中有一道“银芽鸡丝”就是用豆芽作原料制作的。

豆芽是将绿豆芽等原料放在通风环境下，加水泡发，在一定温度下生长出来的嫩芽豆芽。种类很多，常见的有用绿豆发的绿豆芽，用黄豆发的黄豆芽，此外还有赤豆芽、碗豆芽、蚕豆芽等。绿豆芽又称玉髯、巧菜、掐菜、银芽，可以做许多名菜，黄豆芽是寺院菜中制鲜汤不可缺少的一种原料。据统计，中餐中用豆芽作原料的有一百多种。下面介绍一下发豆芽的步骤：

1. 要选择优质的原料。无论绿豆，黄豆还是其他豆类，一定要选用色浓而有光泽，粒形大而整齐的原料。

2. 准备一只木桶，底部最好能像蜂窝一样布满小孔，以便漏水。并用清水把桶刷净。

3. 将豆子洗净后，用温水浸泡，待豆子胀开后装入木桶，用三四层湿布盖好。第一天每隔 5 小时洒一次清水。水的多少以淋透为度。第二天每隔 4 小时洒一次水。同时，要检查桶内的温度，用手试着有温热感即可。若是温度过低，可洒一些温水增温，温度太高可多淋一点水，待豆芽长到 4 ~5 厘米时就可食用了。

发制豆芽要注意以下几个问题：

1. 一定要选用粒形饱满的豆类原料。

2. 洒的水、盖的布、用的桶一定要洁净，否则会影响豆芽的发制质量。

3. 发豆芽的桶一定要放在通风透光的地方，但又不能让太阳光晒着，免得豆芽发绿变老。

4. 要经常注意豆芽的生长情况，不能让桶内温度过高或过低。

5. 洒水要及时均匀，豆芽才能长得又快又整齐，每次洒水时要沥去前次的积水。

怎样泡发干货食品？

市场买的肉皮、蹄筋、海参等干货，一般都是鲜活原料经脱水干制而成，多是干、硬、老、韧，且多带腥臊气味。烹调前都须使其重新吸收水分，膨胀松软，并清除腥臊气味，这一过程即称发料。下面分别介绍一下它们的发料方法。

一、泡发肉皮

生肉皮制成水发肉皮，需经过“三硬、三软”的过程。先将生肉皮割下，铲除油膘，晒干到发硬，然后放入60 ℃的油锅中去焐。焐是个关键，温度不能过高，要用文火，一般掌握在油中起沫即可。在焐的过程中可适当翻动，大约焐3个小时，至肉皮卷缩、出现许多粒状小白泡时，即可捞出还软，冷却后再还硬，即称焐肉皮。焐肉皮可以存放，随时可氽。氽肉皮时油温要高，约100 ℃，等油冒烟，即可逐块下锅，在锅中，肉皮会卷起，可用筷子扒开或干脆下锅前即将肉皮切成小块，肉皮发胀，即成脆硬的油氽肉皮。油氽肉皮用水浸泡至柔软，即为水发肉皮。注意不要泡得过烂，食用时用水漂洗一下就行。如油腻、污垢重，未能发足，可用稀释后的热碱水洗泡一下。

二、泡发蹄筋

蹄筋与肉皮发法基本相同。先把干蹄筋放在油锅里焐，一般油要盖没蹄筋，用文火慢焐1.5～2小时，蹄筋起泡时，即可捞出冷却。食用时可随氽随发，氽时油温要高，在油出轻烟时下锅，氽到一定程度时，可捞出一根蹄筋折一下，能折断的就说明已胀发，即成油氽筋，然后放入水中浸泡柔软，洗净后即可烧煮食用。

三、泡发海蜇

泡发海蜇的方法并不复杂，先用清水将蜇头或蜇皮漂洗数次，洗掉泥沙及黏附在蜇皮上的一些血沫，最后再用清水泡一下即可。如有时间，多泡几天更好，切蜇丝时，要把蜇皮卷成卷，再用刀切成2～3毫米宽的丝，浸泡后仍用清水漂洗一下。烧锅开水，到水温在90℃左右（不可烧开）时，将蜇丝放入漏勺内，用勺子舀锅内的水浇拌蜇丝，视蜇丝一收缩，即刻放入凉开水中过凉，蜇丝即吸水胀发复原。如蜇丝量少，可用暖水瓶中的温开水冲拌一下，即放入凉开水中。此过程是发胀海蜇的关键，否则经开水一烫，蜇丝收缩，吃时失去爽脆特色，嚼起来发韧。

四、泡发鱿鱼

将干鱿鱼先用水浸泡一夜，捞出，然后每500克鱿鱼用50克烧碱，加适量清水化开，把捞出的鱿鱼放在烧碱水内浸泡。关键在于碱水必须适量，过少发不开，过浓则易使肉体腐烂，肉色发红。老的、大的鱿鱼，碱水可稍浓些，浸泡时间也可长些；嫩的、小的鱿鱼，碱水可稍淡些，浸泡时间也可短些。浸泡过程中可用木棒搅动两三次（不要将手浸入烧碱水内），使鱿鱼吃碱均匀。待鱿鱼体软变厚，再捞出放入清水中漂洗几次，浸入水中，每两三个小时换一次水，把碱水过清，第二天即可食用。食前最好用开水泡一次，再用冷水过清，这样就无碱水味了。

五、泡发海参

干海参到水发海参的制作过程特点是逐步胀发，关键在于焖焐。先将干海参烧煮柔软，火温不要高，80 ℃～90 ℃左右，然后逐渐降低火温，连续焖煮10小时左右。当海参已略有胀发并柔软时，取出去肠，剥洗干净，再用水烧煮。水开后将火温逐渐降低，烧至海参胀发柔软为止，再捞出泡在清水里养，让其自然胀发，即可食用。

怎样预防大米发霉？

新鲜大米煮的饭香糯可口，老少皆宜。人们总想多买一些储藏在家中，然而时间一长，它又容易发霉生虫，尤其在春末夏初的阴雨天气，更容易发霉变质。怎样才能防止新大米发霉呢？

要使新大米不发霉生虫，就得讲究储藏方法，且要根据季节决定储存的数量。一般来说冬季天冷，气候干燥，霉菌不易繁殖，每次可多买一些，储存的时间可稍长一些。按三口之家的消费量计算，每次购买100斤为宜。春末夏初气温升高，半个月买一次，吃完再买。

大米要放在干燥通风的地方，不要放在阴暗潮湿的角落，以免水气侵入。最好用干净的木箱盛放，因为木箱防潮，而且透气。

下面介绍几种储藏新鲜大米的方法。

一、花椒防霉法

用锅煮沸花椒水，再将晾凉后的盛米的布袋浸泡其中，然后取出晾干。把买来的大米倒入布袋，再用纱布袋包一些花椒，分放在米袋的上、中、下部，扎紧袋口，放在阴凉通风的地方，既能防霉，也能驱虫。也可以用纱布袋装上花椒，直接放在干净的米袋内。如果米较多，可多做几个小纱布袋装上花椒，分放在米缸的中、下部，缸盖或米袋口一定要盖严或扎紧。

二、草木灰吸湿法

将新大米晾干，装入缸中，在缸口铺一层纸，上面撒一层 2 ~ 3 厘米厚的草木灰，加盖盖严即可。也可在米缸底层铺一层一寸厚的草木灰，用白布盖严，再倒入晾干的大米，密封缸口，置于干燥通风处。

三、蒜头驱虫法

将米缸洗净擦干，取几瓣蒜头剥去皮，用厨刀拍碎，然后用蒜头将缸的内壁擦遍，盖上缸盖闷半小时，倒进大米，再放入几个干大蒜头，这样也能防霉驱虫。

四、海带防霉法

干海带吸湿能力比较强，还有抑制霉菌生长和杀虫的作用。将海带和大米按重量1:100 的比例混装，每隔一周，取出海带晒去潮气，便可保持大米干燥不发霉。

五、塑料袋保鲜法

夏天大米容易发霉，可将大米放入洗干净的塑料袋内封严（密封最好），三五千克一袋，放在阴凉处或冰箱底层装水果的盒子内，这样既不会发霉，也能保鲜，操作简便。

用科学的方法储藏新大米，既卫生又避免了粮食的浪费。同学们动动脑筋，也许还能找到更多的保存新大米的方法。

赤豆、绿豆生虫了，怎么办？

赤豆、绿豆是人们喜爱的食物。赤豆又名红小豆，食之补血；绿豆汤则是夏季消暑佳品，同时还有解渴、利尿、解毒等功能。但赤豆、绿豆不耐藏，很容易发生虫害。头年贮藏的豆子，放到第二年再食用时，人们往往会大吃一惊，因为绝大部分的豆子被蛀坏了，几乎都是“体无完肤”，有的竟仅剩下了豆皮。如果用被虫害的豆粒作豆种，发芽率也极低。

那么，凶手是谁呢？它们就是豆类的毁灭性害虫——豆象科昆虫，如绿豆象等。这类害虫在地里造成的危害倒并不大，因为它们爱食晒干了的赤豆、绿豆、蚕豆、豌豆和大豆等，所以是仓储豆类的主要害虫。

发现了虫害怎么办呢？下面介绍几种防治方法，同学们不妨试试。

一、药剂熏蒸法

用磷化铝、溴甲烷等药剂及时熏蒸豆种以杀虫，但一定要在密封条件好、环境相当安全的条件下进行。

二、拌植物油法

将晒干了的赤豆或绿豆，以每公斤豆加入五毫升植物油的比例充分拌和，使豆粒表面完全覆盖着一层薄油。因为豆象产的卵都附着在豆粒的表面，油从豆象卵的卵孔进入卵内，使卵内原生质不能流动而死亡，油进入幼虫体内后，幼虫也立即死亡。经过这样的处理，豆就不再生虫，大约可贮藏半年之久，发芽率也不受影响。

三、沸水浸泡法

用竹篮盛豆，厚度在40毫米左右，浸入沸水里快速搅拌30秒钟，立即取出，再浸入冷水里冷却，然后摊放在烈日下晒干，可以杀死豆粒表面的虫卵和豆内的幼虫、蛹及成虫，豆粒的颜色不变，发芽率也不变，但操作时动作一定要迅速，并且一定要在晴天进行。

鸡蛋要保存，怎么办？

新鲜的鸡蛋为什么会变质呢？那是因为鲜鸡蛋的外壳上有许多肉眼看不见的小孔，这些小孔与鸡蛋内部相连通。鸡蛋刚下出来时，外表包有一层黏液膜，将这些小孔封闭住，细菌不能进入蛋内，鸡蛋就不会变质。但如将蛋壳外的保护膜洗掉，就会出现相反的情况，鸡蛋也不易保存了。那么如何长时间地保存鸡蛋呢？

首先我们得将鸡蛋外部不干净的部分用干净旧棉布、棉纱或软质纸类擦拭干净，使鸡蛋能较长时间不变质，然后才能选用以下几种方法保存：

一、砻糠、草木灰贮蛋

将新鲜干净的鸡蛋埋在盛有砻糠或草木灰的容器中，先在底部铺一层约 5 厘米厚的糠灰，然后平放一层鸡蛋再铺一层糠灰，依次层叠存放，最上层铺 2 ~ 3 厘米厚的糠灰，加盖即可。

二、粮食贮蛋

先将大麦、小麦或稻子晒干，把它们铺在容器底部，厚约 5 ~ 6 厘米，然后将鲜蛋存放一层，铺一层粮食盖住鸡蛋，再依次铺放，最上层粮食适当加厚些，约铺 5 厘米厚。这样既可较长时间保存又可防止碰损。

三、石灰水贮蛋

按 100 克生石灰加 2 千克水的比例配制石灰水，先将生石灰投入水中，搅拌溶化后待其澄清，把澄清的石灰水注入坛内，沉淀物弃去不用，然后将鲜蛋放入石灰水中，使石灰水高出蛋面5～10厘米。坛上加盖，此方法可保持鲜蛋4～5个月不坏。

四、涂抹法

在鲜蛋壳上涂一层凡士林或石蜡，可以阻止细菌进入蛋内。将涂好的蛋放在干净容器内，加盖盖好。

五、其他方法

将鲜蛋埋在盐里能保证较长时间不变质。另外把鲜蛋放入化碱的稀溶液里浸一浸立即取出，可防止虫咬和细菌侵入，也能保持2～3个月不坏。

怎样长期保存水果？

水果中含有人体必需的多种维生素和营养成分，长期食用可补充人体维生素的需求，还能促使人体的新陈代谢，加快生长发育，有些水果还含有抵抗疾病的成分。水果是现代保健和美容绝好的食品。但水果季节性很强，怎样保存水果就成了日常生活的难题。

水果种类很多，它们的保存方法也各有不同，应针对其特点区别对待。

众多水果中，荔枝、草莓、葡萄在夏季成熟，不易存放。荔枝肉质甘美，是水果中之上品。在唐朝，杨贵妃爱吃荔枝，让人从岭南用快马一刻不停地传送，就说明这种水果不能长期存放。这一类水果保存得好，也只能七天左右，且一要降温保存，一般在20℃，若高低超出5℃，荔枝的颜色很快就会由淡红色变成褐色，且果子从枝上一个个掉下，这说明荔枝已经开始变质，就不能再吃了。这三种水果在保存时还要注意通风、干燥，减少碰撞。

苹果、李子这两种水果在每年夏末秋初开始上市，这时的果子还不能保存，到了每年第一次降霜之后，苹果、李子有霜进行天然的“杀菌”后就可以存放了，如果得法，可以存放两三个月，甚至半年以上。首先要选新鲜的果子，新鲜的果子用手指弹击果体，会有清脆的“梆梆”声；其次要仔细检查每一个果子，如果有碰撞的伤痕和病迹，应和好的果子分离开来存放，好的果子用较柔软的白纸把它们一个个包好，轻轻地放在纸箱子里，堆放在低温、干燥、通风的地方，如气温能控制在 10 ℃左右，可保存两个月以上。

香蕉生长在温暖的南方，为了能输送到全国各地，蕉农大多在成熟之前一星期左右就把它割下来，存放在冬暖夏凉而且温度适中的地下室里保存，这时的香蕉呈青色，很硬，还不能吃。当要出售时，蕉农就用“一试灵”药剂和水，以 5 千克水放一滴药剂的比例，混合后洒在青香蕉上，用塑料薄膜包起来，48 小时后，香蕉就成了浅黄色的，这时的香蕉味清香，肉质绵甜，就可以吃了。买回家的香蕉一定要在 10 ℃左右保存。如果温度不适合可用“方便袋”包起来放入冰箱的冷藏箱里，可保存一星期左右。

橘子和菠萝，保存期要长一些，只要没有伤痕和烂疤，在常温下，就能保存。

保存水果要了解其特点，只要掌握以上方法，就能使水果得以较长时期保存，一年四季都能吃到新鲜的水果，使生活变得甜美、温馨。

家庭安全篇

怎样避免电磁辐射？

电磁辐射是一种复合的电磁波，以相互垂直的电场和磁场随时间的变化而传递能量。人体生命活动包含一系列的生物电活动，这些生物电对环境的电磁波非常敏感，因此，电磁辐射可以对人体造成影响和损害。关于电磁污染标准的学界争论还在继续，但我们还需在各种电磁辐射环境中学习与生活，作为这世界上平凡而弱小生命的一员，人们又该如何预防并减轻电磁辐射对自身的伤害呢？

1. 提高自我保护意识，重视电磁辐射可能对人体产生的危害，多了解有关电磁辐射的常识，学会防范措施，加强安全防范。如对配有应用手册的电器，应严格按指示规范操作，保持安全操作距离等。

2. 不要把家用电器摆放得过于集中，或经常一起使用，以免使自己暴露在超剂量辐射的危害之中。特别是电视、电脑、冰箱等电器更不宜集中摆放在卧室里。

3. 各种家用电器、办公设备、移动电话等都应尽量避免长时间操作。如电视、电脑等电器需要较长时间使用时，应注意至少每 1 小时离开一次，采用眺望远方或闭上眼睛的方式，以减少眼睛的疲劳程度和所受辐射的影响。

4. 当电器暂停使用时，最好不要让它们处于待机状态，因为此时可产生较微弱的电磁场，长时间也会产生辐射积累。

5. 对各种电器的使用，应保持一定的安全距离。如眼睛离电视荧光屏的距离，一般为荧光屏宽度的 5 倍左右；微波炉在开启之后要离开至少 1 米远，孕妇和小孩应尽量远离微波炉；手机在使用时，应尽量使头部与手机天线的距离远一些，最好使用分离耳机和话筒接听电话。

6. 如果长期涉身于超剂量电磁辐射环境中，应注意采取以下自我保护措施：

（1）居住、工作在高压线、变电站、电台、电视台、雷达站、电磁波发射塔附近的人员，佩戴心脏起搏器的患者，经常使用电子仪器、医疗设备、办公自动化设备的人员，以及生活在现代电器自动化环境中的人群，特别是抵抗力较弱的孕妇、儿童、老人及患者，有条件的应配备针对电磁辐射的屏蔽服，将电磁辐射最大限度地阻挡在身体之外。

（2）电视、电脑等有显示屏的电器设备可安装电磁辐射保护屏，使用者还可佩戴防辐射眼镜，以防止屏幕辐射出的电磁波直接作用于人体。

（3）手机接触瞬间释放的电磁辐射最大，为此最好在手机响过一两秒后或电话两次铃声间歇中再接听电话。

（4）电视、电脑等电器的屏幕产生的辐射会导致人体皮肤干燥缺水，加速皮肤老化，严重的会导致皮肤癌，所以，在使用完上述电器后应及时洗脸。

（5）多食用一些胡萝卜、豆芽、西红柿、油菜、海带、卷心菜、瘦肉、动物肝脏等富含维生素 A、维生素 C 和蛋白质的食物，以利于调节人体电磁场紊乱状态，加强身体抵抗电磁辐射的能力。

炒菜时油锅着火了，怎么办？

初学做菜，由于经验不足，有时会造成油锅起火。遇到这样的情况该怎么办呢?

油锅起火实际上一种燃烧现象。物质发生燃烧，要具备以下三个条件：一是该物质本身要具有可燃性，如酒精、汽油、食用油等等；二是要有氧气；三是温度要达到可燃物的着火点。由此可见，油在发生燃烧时，必须具备两个条件：一是氧气，二是温度要达到油的着火点。这两个条件只要有一个达不到，就不会发生燃烧。

油锅着火时，如果处理不当，会引发严重的火灾事故。但也不要惊慌失措，而要用正确的方法进行灭火。下面介绍几种简单实用的灭火方法：

1. 如果油锅内的油量比较少，发生油锅着火时，可迅速用锅盖盖住，同时将锅端离火源，由于隔绝了空气，燃烧的油会自动熄灭。如果没有锅盖，可以用湿抹布盖在火焰上，或向油锅内撒入一小把盐，同样可以起到隔绝空气的作用，把火扑灭。

2. 如果油锅内的油量比较多，发生着火时，可迅速用大锅盖盖住，并用湿抹布把漏气的地方盖住，同时将锅端离火源。如果没有锅盖，这时由于油量较多，扔一块湿抹布是不能把火扑灭的，可以用绿叶类蔬菜放进锅里，由于蔬菜叶比油轻，可以浮在油的表面，起隔绝空气的作用，同时可以降低油温，达到灭火的效果。

扑灭油锅着火时要注意以下几点：

1. 千万不能用水灭火，用水不但灭不了油锅里的火，反而会使火势变得更大。因为水比油重，用水则会使油溢出，同时水遇到高温的油会迅速汽化，造成油水飞溅，火势蔓延，甚至造成严重的烫伤、烧伤事故。

2. 如果烧菜时使用的是煤气灶或液化气灶，发生油锅着火，灭火时应迅速关掉阀门。

3. 如果灶上安装有油烟机，发生油锅着火，灭火时，要迅速将锅端离灶台，防止油火引燃油烟机。

4. 如果油锅着火已经引起其他火灾，这时要迅速切断煤气及电源，同时及时呼救，拨打火警电话119，以免延误时间造成更大损失。

怎样防止高压锅爆炸？

高压锅也叫压力锅，使用时锅内压强比大气压要大，因而锅内的最高温度要比普通锅高出 10 ℃ ~20 ℃。高压锅使用不当会引起爆炸，造成伤害，那么我们该如何防止高压锅爆炸呢？

首先应该知道高压锅的构造和性能。高压锅主要由锅身、锅盖、限压阀、安全装置四部分构成。锅身的上端边缘向外翻，并设有六瓣扣紧凸缘，锅盖下端边缘也冲出六瓣扣紧凹缘。按顺时针方向转动锅盖手柄，可使凹凸缘扣紧，加之盖内有耐油胶圈密封，使锅内的蒸汽不外泄。在加热过程中，锅内的气压逐渐升高可达 110 千帕（压力单位）的压力。限压阀装在锅盖上，它的下端一般做成六面体，有 6 个进气小孔，中间是排气道，上端套有用钢铁制成的并具有一定重量的重锤。当锅内的压力超过一定限度时，高压蒸汽经限压阀排气孔排出体外，维持锅内的蒸汽在一定的压强之内。重锤的重量、进气小孔、排气孔的尺寸的精度都由厂家精密加工而保证。高压锅安全装置主要有安全阀，装在锅盖上，主要构造有进气孔、排气孔和低熔点金属制成的金属易熔片。当锅内压力异常时，高压蒸汽冲破金属易熔片经排气孔排出锅外，起到安全保险的作用。

使用高压锅时，为了防止爆炸，应注意以下几个问题：

1. 注重高压锅本身的质量。高压锅锅身是采用铝合金压铸后车制而成的，壁厚约 3 毫米，要能承受 110 千帕左右的工作压力，并且具有一定的机械强度。进气孔、排气孔的尺寸大小，重锤的重量，金属易熔片的性能等要求都很精确。若厂家生产质量不过关，在使用时易引起高压锅的爆炸。因此，购买时要买质量过硬的名优产品。

2. 要保障限压阀、安全阀的排气通畅。高压锅爆炸，一般是排气阀堵塞引起的，因此，使用前要认真检查阀座孔是否畅通。若发生堵塞应立即清除，盒盖后旋转好盖子，使两只手柄全部重合，当看到有蒸汽稳定地从排气管排出时，冒出的气体成直线状并发出声音时，再将限压阀扣在排气管上。

3. 高压锅爆炸的另一个重要原因是锅内食物过多造成的。一般情况下，锅内食物量不应超过容量的4/5（海带等易膨胀食物不能超过1/2），否则蒸汽没有流动循环的空间，容易引起爆炸。如果是煮整鸡、鸭、大块排骨、大块肉等大块食物时，要在食物上放一只篾篓的盖子，防止大块食物浮起来后堵塞排气管和安全阀孔，同时也使食物和锅盖之间保持一定的空间，使蒸汽能循环。若限压阀配有堵塞罩，则一定要将其罩上，这样会更安全。

4. 限压阀上不能放任何东西，否则限压阀就会失灵，锅内压力就会超出设计标准引起爆炸。当限压阀被高压气流微微顶起，并有气产生“嘘嘘嘘”的声音时，应减小炉火，使减压阀处于似动非动的状态，直至食物煮熟为止。

5. 经常更换易熔片。若发现安全气阀排气，说明它已经熔化，应更换新的熔片，若它已经老化或使用时间较长也应该更换，并且只能放一片。正常情况下每三个月更换一次易熔片，这一点往往不被人们所重视。若易熔片失去作用，则容易引起爆炸事故。

6. 注意锅内不宜长久存放盐、糖、碱、醋、酱油类食物及蒸锅水等，以防腐蚀锅体。残余食物粘在锅体上时，只能用温水浸泡进行刷洗，不允许用锅铲、砂子、炉灰或金属卫生球等擦洗，以免影响锅体的承压能力。

7. 注意保养高压锅。若每天平均用2小时，一般的高压锅只能使用8年。若超过这个年限，即使高压锅没有坏，也不应再继续使用，应防患于未然。

怎样防止家养宠物影响他人？

在业余时间饲养宠物，能丰富我们的业余生活，同时也能调节我们紧张的学习、工作节奏。但如果处理不当，家养宠物也会给我们增添不少烦恼，甚至造成伤害，使他人因此而反感。怎样避免这类不良影响呢？

可以在家庭中饲养的宠物种类很多，有蟋蟀、观赏鱼、鸟类、猫、狗等。蟋蟀、观赏鱼一般对人影响不大，而鸟类、猫、狗对人的影响较多。怎样防止家畜宠物对他人的影响呢？

一、建造合格的住舍

根据因地制宜、就地取材、位置合适、牢固耐用的原则建造宠物住舍。一般要求符合宠物的生活习惯和卫生条件，要通风良好，最好有防雨、防潮、防风、防寒、防暑设备。狗舍可用砖瓦水泥，也可用木条、铁架建造。

对于家庭养狗，一般可采用移动式狗舍。小狗可采有狗箱作为狗舍。猫舍可简单些，但也需有固定的地方，另外对狗、猫要从小养成在住舍睡觉的习惯，不要让它们到处睡觉，绝不可让宠物睡在主人的床上。对于鸟类中的中型鸟（如家鸽等），则要建有固定鸟舍，位置要适当，对于小型观赏鸟，则要注意将鸟笼挂在合适的地方，均不能影响他人的卫生与休息。

二、保持环境卫生

保持环境卫生是饲养宠物中特别需要注意的问题。要求狗舍空气新鲜，每日清扫干净，随时清扫粪便，一月大扫除一次并进行消毒，每年春秋两季进行大消毒，小型观赏狗还应调教在室外排便。粪便要在指定地方堆放，上用泥土封闭，夏季在粪便堆放处喷洒石灰或石碳酸药水。猫舍也要定期清扫、消毒，也需从小调教在室外定地排便（可设一专门装置，铺些干土或煤灰）；鸟类的笼舍也要定期清洗、打扫。另外，对宠物本身也需搞好清洁卫生，减少臊味、臭味。对狗来说，为防止狂犬病，每年要定期给狗注射疫苗，对其他宠物也须考虑防止疫病传染问题。

三、安全措施

饲养动物，还有一个人身（特别指他人）安全问题，特别是大型、凶猛的狗一定要在脖子上套上铁颈链。带狗外出时，主人手要握住狗牵引带；在家中，要把狗拴住。

此外，喂食时一定要定食具（严禁人与动物共用）、定场所，使宠物养成一个良好习性。

对于家养的宠物，我们还要进行必要的行为训练，如从小调教不贪嘴、不拖拉物品，以免妨碍他人，要让它们听从主人的引导。

总之，在饲养宠物时，要避免影响他人。

怎样防止煤气中毒？

煤气是多种气体的混合物，包括两部分：第一部分是可燃性气体，如氢气、一氧化碳、甲烷和其他碳（氢化合物，燃烧）时产生大量的热能；第二部分是不可燃烧气体，如二氧化碳、氨气和氧气，它们不能燃烧，但氧气可以帮助燃烧。

煤气中的一氧化碳有剧毒。一氧化碳被吸进肺里，与血液中的血红蛋白结合成稳定的碳氧血红蛋白。一氧化碳与血红蛋白的结合和要比氧与血红蛋白的结合力大 200～300 倍，而碳氧血红蛋白的解离却比氧合血红蛋白慢约 3 600 倍。因此，一氧化碳一经吸入，即与氧争夺血红蛋白，使血液的携氧功能发生障碍，造成机体急性缺氧。煤气中毒的主要表现有疲倦乏力、头痛眩晕、恶心呕吐、视物模糊、虚脱甚至惊厥昏迷，重度中毒如不及时治疗还会有生命危险。

防止煤气中毒的办法有如下几种：

1. 防止煤气管道和煤气灶具漏气。睡觉前应检查煤气开关是否关好，厨房是否有煤气漏出特有的臭味。如有可疑，可将肥皂水涂抹在怀疑漏气的地方，如有漏气，被检查处就会冒肥皂泡。千万不要用点火的办法来检查漏气，因为，当空气中煤气的含量达5%～40%时，遇明火就会发生爆炸。

2. 防止煤气点燃后被浇灭，而导致大量漏气。在煮饭、烧水、煨汤、熬药等时候，应有人看管，切不可在点燃煤气后离开厨房，去做其他事情。

3. 正确使用煤气热水器。现在家庭普遍使用煤气热水器，若使用不当，也会引起中毒。因此，要求热水器必须安装在通风良好的环境中，严禁安装在浴室内。一人洗澡，要有他人照看，防止热水器火焰熄灭，造成漏气。

4. 正确使用煤炉。用煤炉烧饭、做菜、取暖时，一定要把产生的废气通过管道输出室外。

5. 保持室内空气流通。煤气燃烧生成的二氧化碳，虽然没有一氧化碳那种毒性，但空气中二氧化碳含量达3%时，就对人有害处；达4%～5%时，人就感到头痛、眩晕、气喘；达10%时，能使人不省人事，呼吸停止甚至死亡。一个人每天需吸10立方米的新鲜空气，人在呼吸过程中吸入大量的氧气，呼出大量的二氧化碳。因此一年四季应保持室内空气流通。

6. 轻度煤气中毒，可到室外呼吸新鲜空气，就能缓解；较重者，应立即送医院治疗。

怎样使用防毒面具？

防毒面具作为一种防御性的保护器具，问世几十年来，不仅广泛应用于军事上，而且也是在某些险恶环境中从事科学实验工作的人所不可缺少的工具。那么怎样使用防毒面具呢？

1. 使用防毒面具以前，一定要清楚防毒面具的构造。它主要由橡皮面罩、呼吸管、滤毒罐三部分组成。面罩上有眼镜。橡皮管内有两个通道，一根吸气管受入气活瓣的控制，只能吸气不能呼气；另一根呼气管刚好相反，受出气瓣控制，只可出气不能呼气。滤毒罐内有活性炭层、化学吸收层及过滤层。活性炭层主要用于吸附毒气，化学层用来中和毒气，过滤层由多层纱布做成，用于清除空气中的尘埃。

2. 防毒面具使用前的准备。

（1）选配面具。根据头型大小确定合适的面具号码；面罩分 1、2、3 号。3 号最大，号码标在罩体的右下方带头调节环的橡皮上。

（2）检查面具。检查面具各部件是否齐全完好。

（3）消毒试戴。先将面具擦干净，用酒精消毒后再试戴。戴上后，调整带头松紧，直到基本合适。

（4）气密性检查。用手堵住面具的进气口，用力吸气，若感到憋气，说明面具气密性好。否则，应沿进气路线分段按上述方法检查，直到查出漏气部位。有条件时，可在毒剂室检查面具的气密性。此项工作须由使用者本人实施，但要由专业人员指导。

3. 防毒面具的佩戴方法。面具检查合格后，将各部件连接好，然后迅速戴好。方法是：迅速闭眼，停止呼吸，双手配合将下头带与面罩之间形成的戴脱孔撑开，下颏稍向前伸出，用面罩先套住下额，接着双手向上向头后迅速移动，将面罩戴好。另外先深呼一口气，再睁眼以排除面罩内的毒气。面具正确的佩戴标准是：眼窗中心位于眼中央偏下，头带垫合于头的后上方，头带拉力适中。最后脱面具时，人的皮肤应避免与面具受染部位接触。

怎样在自己家里设立“安全防线”？

一、换掉旧锁

如果你家的暗锁不是“三防”锁，那最好请您花点钱买一把。安装保险锁花钱不多，也没有太多的麻烦。您别小看这把保险锁，它是构筑您家庭防线的一个重要因素。因为从心理学角度来讲，作案分子心虚，作案时不敢拖延太多的时间，所以他们一般都选择易撬的锁进行行窃。保险锁不仅适用于城市的高层住宅，而且也可以安装在城市和农村的平房。如果您家的门不适合安装保险锁，那么也应该把锁换成大一些的，把门的挂扣换成坚实牢固一些的。

二、安装防盗铁门

目前，不少居民住户已开始安装防盗安全铁门。常见的有两种：一种是菱形推拉式铁安全门。这种门固定在木质门外的墙上，与木门有20厘米的间距，使用的是特制锁，性能优良，不怕撬压、脚踩和肩杠，能起到安全防范作用；另一种是铁皮包的安全门。这种门直接安在木质门框上，与菱形推拉式安全门相比，防盗能力较差，但价格便宜、安装也较方便。您可以根据当地的社会治安情况和家庭经济条件进行合理选择。

三、加固窗户

首先窗户插锁要齐全，玻璃要完好无损，窗户要坚固。为安全起见，凡是居住平房和楼房低层的住户，家中的窗户务必要安装铁栅栏，钢筋条以0.12~0.6厘米为宜，每个钢筋条之间的间距以10厘米为宜。这样，即使犯罪分子拔掉插钳，砸烂玻璃，撬毁窗框，只要窗户的铁栅栏安装得牢固，就会形成一道防御屏障，使犯罪分子作案的企图无法得逞。

四、加高围墙

这里主要指的是城乡居民中那些单家独院，或者几家合住一个院内的居民住户。由于一些盗窃犯罪分子经常采用翻墙入院的手段，因此，把围墙加高了，就可以起到防止和减少窃贼侵入的作用。高度应在 3 米左右为宜。同时，还应注意在建造围墙时，不要留下可攀登的地方，如石头、砖头某一部分突出，底宽上窄出现宝塔式等等。如果您要栽树，最好要离开围墙半米以外，家中的柴草等物也不要靠近围墙堆放。除此，有些居民在围墙上安插一些碎破玻璃片、拉铁丝网等，也是以防万一的好办法。

五、封好阳台

封阳台既可充分利用室内空间，又比较清洁卫生，而且从安全的角度讲，也可以作为防止犯罪分子入室作案的一道屏障。因为近年来盗窃犯从阳台入室作案的正在逐渐增多：如果你家的阳台封好了，也就堵住了犯罪分子入室作案可能利用的一个通道。

安装、使用煤气热水器，怎么办？

第一，煤气热水器的类型与所用气体要严格一致，绝不能混用。目前民用煤气可分三类：液化石油气（装在煤气罐内）、炼焦煤气（即管道煤气）和天然气。各种煤气热水器的设计就是按这三种气体的性质而定的。由于气体的成分不同，达到完全燃烧时所需的空气量也不一样，空气与燃气的混合情况也不一样，这就决定了煤气热水器的燃烧部件的构造与形状不同；由于热值不同，燃烧器喷嘴大小和出火孔的总面积大小也截然不同。所以，哪种类型的煤气热水器适用于哪种气体有严格规定，这在选购时要注意。

第二，管道煤气热水器的安装应由煤气公司批准和施工，以保证安全。安装位置最好选择在厨房，再将热水通过管道输送到洗澡间，而不能安装在洗澡间。因为煤气热水器直接将燃气排放于室内，时间一长，有害气体一氧化碳大量积聚，使人体血液供氧产生困难，造成生命危险。安装煤气热水器的厨房在热水器工作期间应打开窗户通气或安装排气扇。

第三，安装热水器时应避免电源及可燃物，以确保安全。

第四，使用天然气热水器必须注意：

1. 要选择好安装热水器的地点。如果洗澡间面积很小，通风又不好，最好把热水器安装在厨房里合适的地方，把热水管引到洗澡间，将自来水龙头装在洗澡间，通过控制进水来控制热水温度，天然气阀门可以开到最大。如果家里洗澡间小又不便在厨房里安装热水器，那么洗澡间的下部一定要装百叶窗，上部要有排烟气窗口，最好将热水器装在排烟口的正下方。

2. 合理选择热水器的安装位置。选择安装位置应该做到：热水器高度以其点火孔与使用者眼睛大致同高为度，其水平位置要能使烟气不在室内形成环流，以尽可能短的路线排出室外。

3. 按照产品说明书要求使用热水器。一般正确的使用方法是：先开气，将燃气先用小火点燃，再开水，水开后若发现大火未燃而又有天然气臭味，应立即关水，重开进水阀门。若多次均不能将大火点燃，热水器应立即停止使用。停止使用时先关气，当出水温度不热了再关水。

如何预防烟毒？

家里一旦不慎发生火灾，首先要进行扑救，但在扑救时要预防烟毒侵害人体。

家庭发生火灾后，燃烧物品会散发出一种烟雾。这些烟雾中有足以置人于死地的物质：一氧化碳、二氧化硫、水蒸气等。另外，木质结构家具、羊毛衫、地毯、被褥、人造纤维和尼龙质地衣物等日常用品，在不完全燃烧时也会产生一氧化碳（俗称煤气），这是具有强烈毒性的可燃气体。以上气体几乎在所有火灾现场都能生成，对人体危害极大。有关资料表明，当空气中一氧化碳含量为0.09%时，1 小时后人就会头疼、呕吐；含量0.15%，经过20～30 分钟人就有死亡危险；含量1.5%时，吸气数次后失去知觉，1～2 分钟后就能中毒死亡。

如今家庭室内装饰多采用化纤地毯、塑料装饰品、贴墙壁纸、地板革、胶木板及装饰板制做的家具等。这些装饰物品虽然美化了生活，但一旦发生火灾，这类可燃物质燃烧时往往会产生大量有毒害的气体及浓烟灰尘，对受灾家庭居民都会造成严重的生命威胁。这些烟毒除上述的一氧化碳、二氧化硫、水蒸气外，还有二氧化碳、硫化氧、氰化氢、氯化氢等。因此，家庭装饰考究的更要引起警惕。

扑救家庭火灾时如何预防烟毒呢？家庭一旦发生火灾，首先都要进行扑救。为了防止烟毒侵害人体，一般可用湿口罩或用湿毛巾掩护好呼吸部位；扑救火灾时，应尽量站在上风方向，避免毒气侵袭。如果出现流泪眼痛、头痛咳嗽、胸闷头昏等症状，应及时撤离现场。在撤离现场时首先要镇定，不要慌乱，可用水喷洒开路逃离火灾区。

高楼着火怎么逃生？

家住平房或农村的，因为进出容易，所以一旦发生火灾要逃生也较容易，但是住在高层建筑的家庭，在发生火灾时要逃离相对较为困难。目前，在我国城镇中高层建筑发展很快，那么一旦高楼失火怎样才能逃生呢？

1. 头脑冷静。一旦发现大楼失火，先要冷静地探知火源，再确定风向，并在火势蔓延前朝逆风方向快速离开火灾区，切忌惊慌失措，否则极可能因乱窜带来危险。

2. 火起时如通道被封死，应立即关好自己的房门和室内通气孔，以免烟雾灌入室内，使自己受到毒害。然后用湿毛巾堵住口鼻，防止吸入毒气，并将身上衣服打湿以免引火烧身。

3. 千万不要从窗口往下跳。如楼不高，可以用绳子、床单、被单等系在一起，从窗户降至安全地区。

4. 不要去乘电梯，因火灾后易断电和被卡在电梯内，而应沿防火安全梯朝底楼跑，若中途防火梯已被堵死，便应向屋顶跑。同时可将楼梯间的窗户玻璃打破，向外高声呼救，总之，要让救援人员知道你的确切位置以便营救。

5. 逃生时并非跑得越快越好，而必须视火势与浓烟大小而定。火势蔓延较慢，浓烟不多时，可以迅速逃离浓火源；火势不大但烟却多时，则不宜快跑，应弯身猫腰压低姿势，尽量接近地面或角落，慢慢移离火源。这是因为浓烟较空气为轻，会上升。室内浓烟密布时，通常离地面两三厘米处仍会有新鲜空气；而在空气稀少处，快速行动会加快呼吸，增加空气的需要量，从而吸入毒气。

家庭中如何紧急抢救？

现代家庭中，中毒事故、严重外伤和心血管病患者突然发病等现象时有发生，因此，如果家庭成员能掌握最简单的急救方法，就能使亲人幸免于难。

1. 立即将受害人抢放在硬表面上（地板、床板等）使之背朝下，解开妨碍呼吸的衣服。

2. 检查和恢复吸呼道的畅通。因异物、黏液、假牙、下垂的舌头等都有可能妨碍呼吸，用手边工具清理口腔，使头部后仰并摇动下颌，可使下垂舌根脱离咽喉后壁，使口微微张开一点。

3. 开始进行人工呼吸。最有效的办法是“嘴对嘴”或“嘴对鼻”强制送气法。一次送入空气约1.5升，所含氧气足够维持肌体各组织器官生命运动的需要量；“嘴对嘴”送气应先捏住鼻子，口唇紧贴对方微张开的口唇，用力平稳吹气。如对方是孩子，应口鼻一齐吹。送气每分钟为16～19次。“嘴对鼻”送气时应将对方口唇捏紧。人工呼吸可垫纱布或手帕。

4. 进行人工呼吸时应同时按摩心脏，促使心脏恢复跳动和血液循环。按摩是用按压方法使心脏恢复收缩和舒张功能。按压为每分钟60次。按压点在胸骨底边往上1/3处。按压时双手掌心向下，腕骨朝内，手掌重叠交叉在一起。按压方向应偏离脊椎中心5～6厘米。最好是两个人，一人进行人口呼吸，另一个人进行心脏按摩。每送气一次，按压5次左右。

5. 注意观察。看被救者的皮肤和口唇是否改变了颜色，看眼皮内是否变绯红色，看瞳孔是否收缩并开始对光线有反应。然后再看有无脉搏。最后看是否已出现主动呼吸。必须注意，急救应持续到急救中心的急救人员或医护人员到达时为止。

如果发生食物中毒，怎么办？

食物中毒是由于进食被细菌及其毒素污染的食物，或摄食含有毒素的动植物如毒蕈、河豚等引起的急性中毒性疾病。变质食品、污染水源是主要传染源，不洁手、餐具和带菌苍蝇是主要传播途径。

该病的潜伏期短，可集体发病。表现为起病急骤，伴有腹痛、腹泻、呕吐等急性肠胃炎症状，常有畏寒、发热，严重吐泻可引起脱水、酸中毒和休克。本病处理主要是对症和支持治疗，重症可用抗生素。及时纠正水、电解质紊乱和酸中毒。

食物中毒按病原物质分类可分为：细菌性食物中毒，是指人们摄入含有细菌或细菌毒素的食品而引起的食物中毒；真菌毒素中毒，是指人们摄入含有真菌在生长繁殖过程中产生有毒代谢产物的食品而引起的食物中毒；动物性食物中毒，食入动物性中毒食品引起的食物中毒即为动物性食物中毒；植物性食物中毒，最常见的植物性食物中毒为菜豆中毒、毒蘑菇中毒、木薯中毒等；化学性食物中毒，食入化学性中毒食品引起的食物中毒即为化学性食物中毒。

盛夏时节，容易引起食物中毒。在家中一旦有人出现上吐下泻、腹痛等食物中毒，千万不要惊慌失措，应冷静地分析发病的原因，针对引起中毒的食物以及吃下去的时间长短，及时采取如下三点应急措施：

1. 催吐。如食物吃下去的时间在 1～2 小时之间，可采取催吐的方法。立即取食盐 20 克，加开水 200 毫升，冷却后一次喝下。如不吐，可多喝几次，迅速促进呕吐。亦可用鲜生姜 100 克，捣碎取汁，用 200 毫升温水冲服。如果吃下去的是变质的荤食品，则可服用十滴水来促进迅速呕吐。有的患者还可用筷子、手指或鹅毛等刺激咽喉，引发呕吐。

2. 导泻。如果病人吃下去中毒的食物时间超过 2 小时，且精神尚好，则可服用些泻药，促使中毒食物尽快排出体外。一般用大黄 30 克，一次煎服，老年患者可选用元明粉 20 克，用开水冲服即可缓泻。老年体质较好者，也可采用番泻叶 15 克，一次煎服，或用开水冲服，亦能达到导泻的目的。

3. 解毒。如果是吃了变质的鱼、虾、蟹等引起的食物中毒，可取食醋 100 毫升，加水 200 毫升，稀释后一次服下。此外，还可采用紫苏 30 克、生甘草 10 克一次煎服，若是误食了变质的饮料或防腐剂，最好的急救方法是用鲜牛奶或其他含蛋白质的饮料灌服。

如果经上述急救，病人的症状未见好转，或中毒较重者，应尽快送医院治疗。在治疗过程中，要给病人以良好的护理，尽量使其安静，避免精神紧张，注意休息，防止受凉，同时补充足量的淡盐开水。控制食物中毒的关键在于预防，搞好饮食卫生，防止“病从口入”。